U0440776

中国艺术家具研究系列｜张天星主编

中国当代艺术家具设计方法论探析

张天星　刘石保　著

东南大学出版社
SOUTHEAST UNIVERSITY PRESS
·南京·

内容提要

本书以中国艺术家具概论研究的启示性内容为背景，从方法论的概念与定义、探寻方法论的途径、本体论的探析、认识论的探析以及中国当代艺术家具设计方法论的提出等方面，进行中国当代艺术家具方法论的探寻研究。全书突破以明清家具作为研究对象的做法，通过逐层递进的方式，对中国传统家具的发展与传承进行理论层面的系统研究。

本书的使用对象包括以下几类：院校内与设计相关专业的学生（包括本科生、硕士研究生与博士研究生）；设计行业的设计师、传统家具行业的工匠，以及与传统家具相关的研究者。

图书在版编目（CIP）数据

中国当代艺术家具设计方法论探析 / 张天星，刘石保著 . -- 南京：东南大学出版社，2025. 3. -- （中国艺术家具研究系列 / 张天星主编）. -- ISBN 978-7-5766-1824-2

Ⅰ. TS664. 01

中国国家版本馆 CIP 数据核字第 20245AT347 号

责任编辑：孙惠玉　李倩　　责任校对：张万莹　　封面设计：王玥　　责任印制：周荣虎

中国当代艺术家具设计方法论探析

Zhongguo Dangdai Yishu Jiaju Sheji Fangfalun Tanxi

著　　者：张天星　刘石保
出版发行：东南大学出版社
出 版 人：白云飞
社　　址：南京四牌楼 2 号　　邮编：210096
网　　址：http：//www.seupress.com
经　　销：全国各地新华书店
排　　版：南京凯建文化发展有限公司
印　　刷：南京凯德印刷有限公司
开　　本：787mm × 1 092mm　1/16
印　　张：8.75
字　　数：170 千
版　　次：2025 年 3 月第 1 版
印　　次：2025 年 3 月第 1 次印刷
书　　号：ISBN 978-7-5766-1824-2
定　　价：49.00 元

总序

中国艺术家具隶属中国传统家具，其内含双重因素，即过时性因素与启示性因素。过时性因素是适合所在时代发展的“形式化表现”，而启示性因素则截然相反，其是具有同根性与传承性的“进步性理念”。中国艺术家具包含中国古代艺术家具、中国近代艺术家具与中国当代艺术家具三类，三者同为艺术家具范畴，必然存在一种内在的联系性。中国古代艺术家具、中国近代艺术家具与中国当代艺术家具是隶属不同时期的家具形式，三者在“形式表现”方面因审美倾向的不同而有所差异。除了形式表现，还有“造物理念”的存在。“造物理念”是文化同根性与文化传承性的关键，其令中国古代艺术家具、中国近代艺术家具与中国当代艺术家具三者产生联系。造物理念作为中国艺术家具中具有进步性与启发性的内容，其内含体系性。

当前，中国传统文化复兴趋势不减，家具作为文化的载体之一，势必融入复兴的热潮。通过长期的跟踪关注式调研，基于传统文化的家具形式有二，即基于“工业化”的家具形式与基于“手工经验”的家具形式，前者植根于现代家具行业，后者则产生在传统家具行业。两个行业的传承方式有所差异，前者以“贴元素”的方式实现传承，后者则以“改良”与“嫁接”的手段进行传承。经过长期的市场检验，两种设计模式存在一个共同问题，即借助“效率型”的实践活动方式进行量化复制，最终走向家具设计同质化的深渊。“效率型”实践活动方式包含手工劳动与机械生产。传统家具行业借助手工劳动的方式延续造物经验，而现代家具则借助机械生产实现工业设计理论。前者隶属“低效率型”实践活动方式，可被“高效率型”实践活动方式替代；后者隶属“高效率型”实践活动方式，可被“更高效率型”实践活动方式替代。“效率型”实践活动方式的特点是借助“规律”实现“量化”，以达到普及设计文化的目的。但对于传统文化的发展与传承而言，由于生活方式的演变，借助“规律的总结”进行传统文化的传承显然不是良策妙法。

通过以上对传统家具文化发展与传承背景的简述，笔者对如下问题进行思考：第一，传统造物理念中的启示性内容；第二，在传统家具的范畴中，实践活动方式存在的类别；第三，在传统文化的发展与传承中，不同实践活动方式的角色地位；第四，传统造物理念中具有启示性的内容与实践活动方式的关联性；第五，中国传统家具造物理念内含的体系性内容。

现象引起反思，反思促成“中国艺术家具研究系列”的形成。本套丛书的初步研究范畴涉及如下方面：第一，从分类、风格、流派、工艺以及设计等方面，对中国古代艺术家具、中国近代艺术家具与中国当代艺术家具进行系统研究。第二，以术语解读为对象，采用“横纵向交叉”的方式进行解读研究：在纵向解读术语方面，以中国艺术家具的发展与传承为目的；在横向解读术语方面，以中国艺术家具的具体实践为目的。第三，从“创新型”实践活动方式的角度提出中国当代艺术家具方法论的探索方向。

研究具有辩证性，由于研究者的学科背景不同，对同一问题的研究会出现“多样化”的倾向，对于传统家具的发展与传承，有人崇尚技术美学，有人信奉手工经验，有人立足形而上，有人专攻形而下。本套丛书立足手工艺角度，挖掘中国艺术家具中的启示性内容，为中国当代艺术家具的设计提出合理的传承方向。

张天星

前言

对于设计而言，方法论是找寻设计方法的方法，并非以“设计方法”为对象进行探析。中国当代艺术家具作为有别于工业设计领域的家具类型，其之方法论必有别样之处。中国当代艺术家具是以手工艺为主的家具类型，其与以机械生产为主的家具隶属两种领域，前者隶属工艺设计范畴，后者则位列工业设计之列，既然属性不同，设计方法论也不可等量代换。

本书对中国当代艺术家具的设计方法论进行探寻，其之目的如下：第一，方法论因找寻途径的不同而产生差异。方法论的找寻途径有二，即找寻思想与找寻规律，遵循前者所得的方法论是工艺设计的找寻之路，按照后者所得的方法论则是工业设计的找寻之径。第二，方法论因实践活动方式的差异而不同。对于家具设计而言，实践活动方式有二，即以“普及文化”为目的的实践活动方式与以“引领文化”为目的的实践活动方式，前者的实践活动方式需借助规律式方法论实现普及，后者的实践活动方式则需依靠思想式方法论实现引领。第三，设计目的与方法论息息相关。中国当代艺术家具的设计目的是文化传承与设计创新。在文化传承方面，其对象是中国造物理念，而非某种过时的形式。在设计创新方面，其所创之新应隶属本质层面的创新，而非仅为改良层面的现象之新。方法论影响着设计目的的实现，规律式方法论具有定型之特性，其无法实现文化的传承与设计的本质创新，而思想式方法论则可实现上述目的。

在中国当代艺术家具方法论的探寻中，通过探寻目的的明确，深知其与以机械生产为主的家具类型截然不同。相较于规律式方法论，中国当代艺术家具的方法论以思想式为宜。任何存在均有价值意义，中国当代艺术家具的方法论亦不例外，其之于家具设计的意义如下：第一，手工艺价值的凸显。在探寻中国当代艺术家具方法论的过程中，手工艺的价值有所凸显。对于家具设计而言，手工艺的价值在于以创造性打破同质化。创造性源于灵活、多样与无限，而同质化来自定型、固化与有限，以灵活的工具与多样的实现方式打破规律的定式，是手工艺的创造性所在。第二，文化角色的定位。通过对中国当代艺术家具的方法论进行探寻，本书提出文化角色一说。文化角色即同时存在且属性不同的文化，此文化角色定位说可将文化以普及与引领进行定位，两者在家具设计中各司其职。第三，规律与思想差异性的明晰。通过探寻中国当代艺术家具的方法论可知，思想与规律并非一事，思想是文化引领的关键，而规律则是文化普及的必要。

中国文化需要传承，但所传对象必然不是过时之物。家具作为文化传承的载体，若仅以现有的生产方式对“过时存在”的形式进行改良，则无法实现造物理念的与时俱进，故此，突破现有的实践活动方式与打破固化定型的规律，才是传承回归正途的关键。中国当代艺术家具设计之方法论的探寻以思想为路径，以突破的方式为中国当代艺术家具的设计方法提供适合的方向。

张天星

目录

1　方法论的概念与定义解析

任何事物都具有两种形式的存在，即“共相”之存在与“殊相”之存在。对于前者而言，其是与“他物”构建联系的“共性”之所在；对于后者而言，其则是凸显与“他物”存在的不同之处，即“个性”。在中国当代艺术家具领域，方法论作为寻找设计方法的方法，其自然不应例外，概念与定义便为方法论既“普遍”又“特殊”的最佳例证。

1.1　方法论的概念

在中国当代艺术家具的设计中，其内之方法论虽有特别之处，但与其他领域之方法论均有“共相”之处，此“共相”之处即为概念的显现。

1.1.1　“共相”与概念

“共相”[1-5]是“自体事物”与“他事物”构建联系的基础所在，若无“共相”的存在，“物”与“物”将会处于彼此分离之态势。方法论作为寻找设计方法的方法，亦需“共相”的存在。对于中国当代家具设计而言，其隶属“中国的家具”（而非“在中国的家具”）范畴，可见，在“中国的家具”之列，除了中国当代艺术家具的存在，还有“其他”“中国的家具”呈现，那么在寻找方法论（即设计方法的方法）时必有共同之处的显现，此共同之处即为方法论中所言的“共相”之点。

中国当代艺术家具的提出因“工业化”的过度盛行而起，其虽与植根于“中国的工业设计”（非“在中国的工业设计”）

之“中国的家具”截然有别，但依然有“共相”之处的留存。无论是中国当代艺术家具，还是“其他”之“中国的家具”，均需以中国文化与中国的造物理念为根基，故两者的共同之处即已诞生。

文化与造物理念将“本国”设计与“他国”设计相区分。中国当代艺术家具与“其他”之“中国的家具”同属“中国的家具”之阵营，故基于“共相”层面上的文化与造物理念定与西方迥异，这差异之处就在于“哲学”。哲学作为所有存在的根本，其之诠释决定了主观群体“思考问题”的出发点与“方式手段”的选择，故其对于“他国”的设计而言，隶属“殊相”之层面，但对于中国当代艺术家具与其他之“中国的家具”而言，则不可与前者同日而语，两者虽领域有别（“工业设计”与“工艺设计”之别），但其依然有“共相”层面的显现，即以“中国哲学”为设计思维的出发点。

哲学作为选择世界观的基础，有“一元论”“二元论”“多元论”之别。对于中国哲学而言，其采用“合”与“分”并存之法予以选择立场与角度，即“一元”与“多元”的共生。“天人合一”可谓是中国哲学在“一元论”方面的流露，即立足“合”之角度阐述“共相”。由于主观群体有立场之别，故一部分主观群体青睐于“天”，一部分则侧重于“人”，前者的表现即为“阴阳”的提出，而后者的诠释则是“中和”的倡导，但无论是前者还是后者，均未走向绝对的“二元论”与“多元论”，而是在“分”的基础上阐述“合”（即天人合一）之理念，“阴阳和合”中的“和合”与“中和为道”中的“中和”，即为例证之所在。不仅如此，随着时代的更迭与外来思想的融入，中国哲学虽然新派层出不穷，诸如玄学、儒释道三合一、理学（儒学中的“现实主义”派，即“新儒学”的形式之一）与“心学”（儒学中的“理想主义”派，其也为“新儒学”的形式之一）等，但总则依然为“天人合一”。

1.1.2 方法论的概念

通过上述之论可见，方法论的概念是基于哲学层面的

"共相"之显现。无论是中国当代艺术家具，还是其他之"中国的家具"，其方法论上所呈现的"共性"即为他们所选择之方法论的"概念"所在。

中国当代艺术家具作为中国文化的承载者，其隶属"造物"之层面，但在"食必常饱、衣必常暖、居必常安"的阶段之后，主观群体进入了"求美、求丽与求乐"之境地，故此时之"造物"已出现了质的飞跃，即从"生产时期"（此阶段主观群体以"物质资料"的生产为主）步入"创造阶段"（此阶段以"精神文明"的创造为主）。既然造物的背景出现了进化与演变，那么主观群体对"物"之"美"的需求也必然有所思考，该种思考便为"美"在"器物层面"所呈现的一种哲学倾向，即实践理性。

通过上述内容可知，中国当代艺术家具之方法论的概念可表现为以下几点：首先，其是基于"哲学"层面的"共相"，哲学是主观群体思考方式的表露，将其作为方法论的支撑，可避免理念体系混乱之弊端；其次，中国当代艺术家具作为中国文化的承载者，其应是立足"中国哲学"之范畴上的"共相"，故无论是"天人合一"，还是"阴阳和合"，抑或是"中和为道"，均是中国当代艺术家具之方法论与"其他中国的家具"之方法论的"共相"所在；最后，中国当代艺术家具隶属主观群体之"实践活动"的产物，其包含三个层面的内容，即"形而下"之层面、"形而中"之层面与"形而上"之层面，"哲学"隶属形而上，"有形存在"（诸如材料、结构与工具等）隶属形而下，"技法"隶属形而中，要想将三者合理相融，必须使其相生相随，走向"和合"之态，即将美在"实践理性"中予以显现，此点亦为中国当代艺术家具与"其他中国的家具"之"共相"所在。总之，中国当代艺术家具之方法论在概念上的诠释囊括三点，即哲学、中国哲学与实践理性。

1.2 方法论的定义

对于中国当代艺术家具而言，其隶属"工艺设计"之领域，与位列"工业设计"队伍之"中国的家具"必有所别，要想将两者区分开来，“定义”的出现乃必要之举。定义作为相近之物彼此区分的关键，离不开“殊相”的存在。

1.2.1 “殊相”与定义

对于家具设计而言，其与“需求”密不可分，但需求无法独立而存，必与群体息息相关。在任何的社会发展阶段，“需求”均呈“两化”之态势，即“大众化”之需求与“小众化”之需求。对于大众化而言，其对美之需求隶属“生理”层面与“生理—心理”层面；对于小众化而言，其之审美与大众化之需截然有别，小众化之审美已晋升至“心理—文化”层面。既然有“两化”之别，那么“殊相”的存在实为合理之事。对于中国当代艺术家具而言，其之存在与小众化的需求环环相扣，相比大众化之基于“生理”层面与“生理—心理”层面的需求而言，基于“心理—文化”层面之需求即为小众化之需求在“殊相”上的表现。

中国当代艺术家具作为中国文化的承载者，其必然涉及“传承”与“创新”之事。对于“传承”而言，其是中国当代艺术家具有“根”的流露，无论是“有形”之根（即对古代之“存在”的模仿与改良），还是“无形”之根（即将古人对“物质性存在”与“意识性存在”[6-7]间关系的看法与观点融入中国当代艺术家具之设计中，诸如“美”“工”与“实践理性”之关系在中国当代艺术家具设计中的彰显），均需传承的参与，此种“有根”即为中国当代艺术家具与“其他”之“中国的家具”在“传承”方面的“共相”所在。对于“创新”而言，其是中国当代艺术家具在“有根”的基础上凸显“新意”的关键，此种新意绝非对“前人”或“他国”之家具设计的沿袭，而是具有引导功能的“新”（包括引领时代新风与引导大众审美），故相对于“一般”或者具有“普遍性”意义的传承，创新隶属“殊相”之范畴。

另外，任何事物要想在延续中发展，必有“设计思想”与“设计规律”的融合与参与[8]。在上述内容中，笔者已提及“两化”之说，即大众化与小众化。对于大众化而言，无论是在审美方面，还是在实现审美的工具方面，均具“局限性”。在审美上，大众化即“追”风而行（即以潮流为导向）；在实现审美的工具上，其无法避免“规则性”的限制。之于追风而言，其需归纳、总结所追之潮流的“规律”；之于规则性而言，其是保证“量”产的必要条件，要想令时代审美在大众阶层普及，设计规律的寻找是极为必要之事。除了大众化，还有小众化的存在，其之审美隶属“心理—文化”层面，“引导性”是此阶层标新立异与流露情感的主题。在此种需求之下，具有“规则性”的“实现工具”恐难担此大任，故在“新”的“实现工具”尚未涌现之时，“设计思想”的寻求即为最佳的选择。综上，“设计思想”与“设计规律”并非可同日而语之事，前者用于“引导”，后者用于“普及”，故在实现“两化”之需求的道路上，两者（设计思想与设计规律）即为相互有别的“殊相”之所在。

综上可见，“殊相”即“不同”与“差异”，无论是大众化需求与小众化需求，还是设计思想与设计规律，相较彼此，均存“殊相”之处。这“殊相”之处即为“本质”的不同与差异，换而言之，前述的本质之别即为“定义”。

1.2.2 方法论的定义

中国当代艺术家具与“其他”之“中国的家具”同为“中国的家具”之列，但所依托之方法论迥然相异。

首先，在领域范畴方面，中国当代艺术家具隶属“工艺设计”之列，其与以“工业设计”为背景之“中国的家具”（即“中国的工业设计”）截然不同。前者之实现工具以“灵活性”与“自由性”见长，而后者之实现工具以“有限性”与“规则性”为主。由于前者之实现工具（以手工艺为主的工具）较后者（可“量”产的工具）颇具“前瞻性”（即以现有的工具无法实现主观群体的审美需求时，利用手工艺予以解决），故其所实现之审美需求自带“引领性”的功能，而后者之实现工具有“量”化之优势，故所成就之审美具有“普及”之效。可见，基于“工艺设计”的中国当代艺术家具与基于

“工业设计”的其他之“中国的家具”有本质性的不同，既然殊途无法同归，其之设计方法论必然无法相互取代。

其次，在实现工具之方面，中国当代艺术家具以“手工艺”或“手工艺精神”为主。手工艺的恢复并非笔者倡导回归原始之举（意指“手工劳动”之生产方式），而是在困境（意指以当下之机械无法实现主观群体的审美需求）中寻找解决之道（认识到“手工艺”中的“创造性”成分）。机械化可以取代传统手工艺之“手工劳动”，但尚不能成为手工艺中“创造性”之实践活动的替身。既然作为连接“人”与“物”的实现方式与手段有所差异，那么作为指导性的方法论亦必不会以同一论之。

最后，在“造物理念”方面，中国当代艺术家具是手工艺运动回归的承载者，中国手工艺是基于中国之造物理念的实践活动，故其与基于“工业化”的“西方现代设计理论体系”截然不同。在工业化之初，机械被大量引入，传统家具行业中的“手工艺”被视为“手工劳动”，从而走上了“可替换”的歧路。中国当代艺术家具作为中国文化复兴的代表之一，若不想仅止步于“表象式”的回归（在不明“中国造物理念”下而走的“形式化”“简化”“转化”之路，即为“表象式”的回归），“手工艺”的选择确为必要之举。手工艺并非仅为“手工劳动”，也无法被机械化与自动化所替代，其内蕴含“创造性”，即当新旧矛盾出现不协调之时（诸如新需求与旧思想之间、新需求与旧规律之间），手工艺的介入使得新旧合一。综上可见，基于“中国造物理念”的“手工艺”与基于“西方现代设计理论体系”的“机械化”并非一物，故作为核心内容的“方法论”也需各有所选。

通过上述的内容可知，在中国当代艺术家具中，无论是领域范畴，还是实现工具，抑或是造物理念，均与方法论密不可分。目前，在工业设计范畴内，其方法论是以寻找设计规律为主线，但“工艺设计”作为以“手工艺”或“手工艺精神”为主之领域，其具有本质性的“引导”与“化解矛盾”的作用，故所选择之方法论无法以寻找“设计规律”为主，而需采用寻求“设计思想”之路。此种选择即为中国当代艺术家具在方法论上的“殊相”之处，换言之，即为定义所在。

1.3 本章小结

通过以上论述可知，方法论不仅有“概念”的存在，而且有“定义”的存在。对于“概念”而言，其是一种方法论与另一种方法论在“共相”上的显现。中国当代艺术家具隶属“中国的家具”，故其之方法论必与其他之“中国的家具”有“共相”之处。此“共相”便为哲学层面的反思，即“天人合一”“阴阳和合”“中和为道”。换言之，这哲学层面的反思就是中国当代艺术家具之方法论的“概念”所在。对于“定义”而言，其与“概念”有所不同，其是中国当代艺术家具之方法论与其他家具（意指其他之“中国的家具”）之方法论的本质区别，有的领域之方法论需以寻找“设计规律”为主线，有的则需以寻找“设计思想”为主线。中国当代艺术家具之方法论作为具有“引导”性的思想指导，需以找寻“设计思想”为主，这便是中国当代艺术家具之方法论的定义所在。

第 1 章参考文献

[1] 冯友兰 . 中国哲学史新编：第一册[M].1980 年修订本 . 3 版 . 北京：人民出版社，1982.

[2] 冯友兰 . 中国哲学史新编：第二册[M].1983 年修订本 . 2 版 . 北京：人民出版社，1984.

[3] 冯友兰 . 中国哲学史新编：第三册[M].1984 年修订本 . 北京：人民出版社，1985.

[4] 冯友兰 . 中国哲学史新编：第四册[M]. 北京：人民出版社，1986.

[5] 冯友兰 . 中国哲学史新编：第五册[M]. 北京：人民出版社，1988.

[6] 冯契 . 冯契文集（第二卷）：逻辑思维的辩证法[M]. 上海：华东师范大学出版社，1996.

[7] 方立天 . 中国古代哲学问题发展史[M]. 北京：中华书局，1990.

[8] 张天星 . 中国当代艺术家具的方法论[J]. 家具与室内装饰，2014（6）：22-23.

2　探寻方法论的途径

方法论是寻找设计方法的方法，若无方法论的引导，所用之设计方法便失去了正确的引导。寻找设计方法的方法大致有二：一是寻找“设计规律”；二是寻找“设计思想”。

领域不同，所用之方法论亦有差异。中国当代家具的设计有“工艺设计”与“工业设计”之别：前者作为“工艺美学”的延续者，既需继承中国古代艺术家具古之精髓，也需以创新为己任，开启中国当代家具设计理论之先河；后者隶属工业时代之产物，随着时代的发展，工业设计已在“物质需求”之层面完成了主观群体之需求，逐步进入了关注主观群体之“精神需求”的阶段，于是“技术美学”得到了工业设计的关注。

2.1　寻求“设计规律”

设计规律作为找寻设计方法论的途径之一，其之存在需有条件的配合。要想得到具有普遍性与共性的规律，不仅需要“一定量”的实物，而且需要能够适应规律的工具，前者之存在是为推理、演绎以及总结“共相”之用，后者则是让规律成为现实。

2.1.1　设计规律与设计的生命周期

但凡存在，无论是物质性的存在，还是意识性的存在，均具生命周期，设计作为其中之一，自然不会例外。

1）设计规律与生命周期的关系解析

设计作为主观群体解决问题的方式，其与主观群体之

“实践活动”密不可分。实践活动有以“物质资料”为主的“实践活动”与以“精神文明创造”为主的“实践活动”，正如“食必常饱，然后之美；衣必常暖，然后之丽；居必常安，然后求乐”一般[1]，主观群体在满足了以“物质资料”生产为主的阶段后，逐渐步入“求美、求丽与求乐”之阶段，此时主观群体以物为载体进行“精神文明”的“创造性活动”。任何存在的发展均有过程性，既会在过程中萌芽、发展与成熟，也会在过程中衰落，这便是生命周期的开始与结束（即萌芽—发展—成熟—衰落）。“精神文明”的“创造性”活动隶属“存在”之一，其必不例外。

对于设计而言，其之生命周期与设计规律密切相关。设计规律是主观群体在设计活动中（设计活动隶属“精神文明”的“创造性实践活动”之一）历经长期观察与总结的结果，具有“共性”“共相”“普遍性”之特点。主观群体为了延续此种“共相”“共性”“普遍性”，其需要“外力”的介入使“抽象”的“规律”演变为“具象”的“显现”，此种“外力”即为实现设计的“方式”与“工具”，前者意指“技法”“技艺”“技能”，后者则是以“手”为主之“具”或以“手”为辅之“具”。由于设计规律是从众多作为“殊相”与“特殊性”的“个体存在”中概括而来的“本质”之说，故其具有“有限性”与“条件性”。为了实现此种性质的规律，主观群体需将“技法”与“工具”推向“规则”之路，而在精神文明的创造性活动中，主观群体之审美并非一成不变，当“新旧”交替、“保守”与“创新”出现冲突之时，“原有”的规律无法满足主观群体之“新需求”，故此时之“新需求”与“原规律”“原技法”“原工具”呈现对立之态势，因此设计的生命周期即将来临。

在“中国设计”回归之际，中国的家具作为中国文化的载体，其不仅承载着“传承”，而且肩负着“创新”，但在“工业设计”的背景下，实现手段、技法与规律均以适应“机械”为主，故作为“个体”的主观群体虽有别，但所出之设计确是“共性”感十足。久而久之，以家具为载体的中国文化出现了

“同质化”之倾向。最终，设计之生命周期在新旧冲突中出现结束之迹象。

综上可见，设计的生命周期与设计规律息息相关，设计规律具有“规范性”“有限性”“条件性”，故当“新需求”与“原规律”出现对立之时，设计之生命周期必然来临。

2）生命周期与实现工具的关系解析

工具作为实现设计规律的物质性因素，其在生命周期中具有关键性的作用。工具作为主观群体实现审美的物质性因素，其可被诠释为两种，即以“手”为主的工具与以“手”为辅的工具。在以“精神文明创造性”为主的“实践活动”中，前者隶属于“手工艺”之列，而后者则是机械化的必然结果。无论是具有引领性的“手工艺”，还是具有普及性的“手工劳动”与“工业化”，均离不开“工具”的配合与成就。

工具之所以可左右生命周期，是由其性质所决定的，若无群体需求与制作方式的绑定，工具只为工具，既无灵活与弹性化之特征，亦无“规则性”与“有限性”之特点，但身处社会的发展之中，其与主观群体之审美并非各自独行之存在，故当群体之需求出现差异时，制作方式亦会随之而变，进而工具之特点被一分为二，即“灵活性”“自由性”“弹性化”和“规则性”“有限性”“单一性”。对于“灵活性”“自由性”“弹性化”而言，此时之工具是“本质性”创造活动的结果，其可开始新的生命周期；对于“规则性”“有限性”“单一性”而言，其既可使得新生命周期得以延续，又可令此生命周期走向尽头。

任何社会均具“需求群体”之别，即“小众化”之需求与“大众化”之需求，“中国的家具”（非“在中国的家具”）作为其中之一，势必不走例外之路。由于各方面因素（诸如经济基础、文化背景、审美倾向与认知差异等）的影响，“大众群体”需走“中国的工业设计”之路（工业化与“量”密切相关，大众爱“美”，但也爱“美”背后的“价格”与“成本”，故“机械化”之路是最佳的选择），而“小众群体”则略有不同，此阶层作为审美之引领者，更倾向“中国的工艺设计”之路（工艺设计以“手工艺”为基础）。两者虽同为“中国的家具”，但生产制作方式却迥然相异。对于前者而言，其实现审美的工具以“机械化”为主，大众需求与“批量化”“标准化”“系统化”“模块化”如影随形，故此时的工具需具有“有限性”“规则性”之特点。虽然作为“殊相”的个体之审美具有差异性，但实现审美的工具却身负“有限性”与“规则性”，所以此种情况下之审美出现了“筛选性”的倾向，即择选适合所用工具之审美。在筛选之处，主观群体之审美并未因工具的“有限性”与“规则性”而出现干扰，故此时之生命周期呈现旺盛之态。历经时间的推移，当时的“新审美”逐渐演变为主观群体眼中的平常之物，此时主观群体对“曾经”之新审美的关注度有所下降，而具有“有限性”与“规则性”的工具依然生产制作主观群体曾经的需求。长此以往，利用上述之特点所出之审美比比皆是、随处可见，故此时的生命周期进入了“疲劳阶段”与“同质化阶段”，而同质化阶段意味着“此生命”周期的终结。

工具除了具有“有限性”与“规则性”之特点，还兼有“灵活性”与“自由性”之属性。通过上述之言可知，由于工具的“有限性”与“规则性”，设计之生命周期出现了终结，要想使其步入下一个新的生命周期，需意识到工具还有“规则性”与“有限性”的“互补”之性（“互补”意为相生相随，而非对立相存），即“灵活性”与“自由性”，该种特性是“手工艺”所用之具的特点。手工艺是缓解“新旧需求”与“新旧审美”的调和者，在“机械”未出现“新”的“有限性”与“规则性”之时，手工艺是引领“新需求”与“新审美”的必要出路。以“手”为主（既包括“手作式”，也包括以“手”控制工具的制作方式）是手工艺的特性所在，其可满足主观群体的“殊相化”需求。在“共性”凸出的“机械”生产中，“殊相”的出现可谓是一剂缓解主观群体审美疲劳的良方。此时为了重新唤起大众阶层的兴趣，从业者开始效仿“小众”阶层的“殊相”，使之走向“普及”之路，于是一个崭新的生命周期拉开了重回“新鲜”的序幕。

综上可见，工具若无阶层与审美之需求，其本无“有限性”与“无限性”之别。随着小众与大众需求的出现，为了满足不同主观群体之审美需求，工具被赋予了“有限性”与“无限性”之区别，但这两种特性并非对立相存，而是“互补”并生。正是因为工具的双重性，设计之生命周期才能周而复始。当工具之“有限性”将生命周期推向终结之时，工具的“无限性”将发挥其“创造性”的一面，开始新一轮的生命周期。

3）设计规律与实现工具的关系解析

规律作为差异性个体的“共相”之表现，既包括“物质性”的“共相”，亦包括“精神层面”之“共相”。前者之“共相”与“使用价值”息息相关，后者之“共相”则与“审美”无法分割。无论是前者还是后者，均需对一定数量的客观存在进行观察与剖析，从而推理演绎出具有共相性的规律与本质。

规律是人为之总结，故其既可发展为“定型式”[2]，亦可演绎为“类型式”。对于前者而言，其是主观群体内心之“理式”的显现，故此时之规律被拉入了“绝对性”之“共相”的阵营。诸如达·芬奇（其曾通过大量的总结，试图寻找世界上最美的线条）、荷加斯（著有《美的分析》）与伯克霍夫（其是美国的数学家，曾在《审美测量》中提出了一个关于审美程度的公式，即 $M=O/C$，其中，M 为审美感受程度，O 为审美对象的品级，C 为审美对象的复杂性）等之所言，均可被列入此类。有人提出世界上最美的线条，有人则用公式予以评价主观群体之审美，无论是哪种，均忽略了“辩证”与“发展”，因此步入了绝对“理式”之范畴。“理式”之规律是将普遍性与一般性绝对化，除了此种倾向，还有另外一种的存在，即从“特殊”中见“一般式”的“规律”（即“类型式”规律）。研究此种形式之规律的主观群体已注意到了“特殊”的存在，故以“类型”为背景进行规律的推理、总结与演绎，诸如产品设计美学质量评价（其已考虑到不同类型之主观群体对产品美学质量差异性的影响）与美学综合评价数值等公式，均为研究者对主观群体“殊相性”之关注的例证。通过上述之言可知，规律有两种，即“定型式”的规律与

"类型式"的规律。

"定型式"的规律也好,"类型式"的规律也罢,均需融入实践活动之中。既然是实践活动,即需工具的参与配合,而工具作为规律的执行者,其肩负着将"抽象"之"规律"演变为"具象"之"共性"的责任。在前述的内容中,笔者已提及,工具既有"规则性"与"有限性",还有"灵活性"与"自由性"。若是主观群体以表达"思想"为主,工具需具有"灵活性"与"自由性";若是以"规律"为主,工具之"规则性"与"有限性"之特点便会占据主要地位。

对于"中国的家具"设计而言,其包括"工业设计"范畴下之"中国的家具"与"工艺设计"范畴下之"中国的家具"。对于前者而言,其以从"物"到"事"再到"理"之方式予以找寻设计之规律,无论是站在"自我"角度的"定型式"规律,还是站在"需求者"角度的"类型式"规律,均以使用价值与审美观之"共性"为特征,加之"大众群体"在需求的比例中占据的份额较大,故在"量"与"效"方面均需有所考虑,即采取"一般式"的批量化或"定制式"的批量化以达到"量"之需求,实施"标准化""成组化""系统化"等措施以提高效率之需求。在此种需求下,工具出现"规则性"与"有限性"之特征实为正常之事。除了"工业设计"范畴下之"中国的家具"之外,还有"工艺设计"范畴下之"中国的家具",中国当代艺术家具即为其内一分子,其以"手工艺"为主。中国当代艺术家具所倡导的"手工艺"并非工业设计之前的"手工劳动",而是具有"创造性"的实践活动,故其所用之工具自然有别于"工业设计"范畴中之"工具"。由于操作的主要控制者为主观群体之"手",故此时之工具具有"灵活性"与"自由性"之特点。

综上可见,规律以"共性"为特征,无论是"定型式"的规律,还是"类型式"的规律,均不例外。工具作为规律与主观群体需求与实践活动的桥梁,其是将抽象之"规律"演变为具象之"共相"的关键之所在。

4)设计规律与"美"的生命周期

规律是对现存之客观存在的推理、总结与演绎,故身具

“局限性”在所难免，但主观群体不仅是“社会”中的主观群体，而且是“差异性”的主观群体，更是“发展”中的主观群体，故当规律邂逅主观群体对“美”的看法之时，便会出现“动态”之趋势，既包括旧生命周期的结束，亦包括新生命周期的开始。

美之生命周期可划分为三个阶段，即审美的“新鲜期”、“疲劳期”与“同质化期”。对于新鲜期而言，其是由于主观群体对“差异性”之美的关注而形成。新鲜期代表生命周期的开始，在此周期中，美之生命处于旺盛之态，如图 2–1 中的“1”阶段与“4”阶段。在此过程中，由于“新生”之“美”与主观群体的“新需求”产生共鸣，故美之生命周期处于上升阶段。以中国当代艺术家具为例，其隶属“中国的家具”之列，但在“中国设计”趋向同质化的背景下，其发挥了手工艺的创造性力量，进而引得其他“中国的家具”予以效仿，以满足大众市场的需求。对于“在中国的工业设计”而言，此种“效仿”化解了“同质化”为美之生命周期带来的“疲劳”与“衰退”，令美之生命走向下一个旺盛阶段。对于审美的“疲劳期”而言，其是主观群体对“美”的一种“习惯性”反应，此种情况易于在大众阶层产生。由于大众之美隶属“生理”与“生理—心理”层面，故“形式轮廓”的角色极为重要。大众之美是主观群体对物之“形式轮廓”的“直接”联想，其以感性因素为主，如色彩（表 2–1）与线条之于主观群体的“感性”联想，即为基于“生理”层面与“心理—生理”层面之美的表现。但凡是“有形”之物，随着大众阶层之主观群体审美的变动，均会遇到“过时”之阶段，此种“过时”即是引起大众之审美疲劳的关键所在。对于审美的“同质化期”而言，其意味着“旧美”之生命周期的终结。美无法自我实现，需要外力的配合参与，即技术与工具。在此阶段，无论是技术还是工具，历经对初始创新的长期实践后，早已成为普及之事，久而久之，具有“普及性”的技术与工具如同模具，依靠其所成之美自然如出一辙，彼此无别，即美的“同质化”现象。

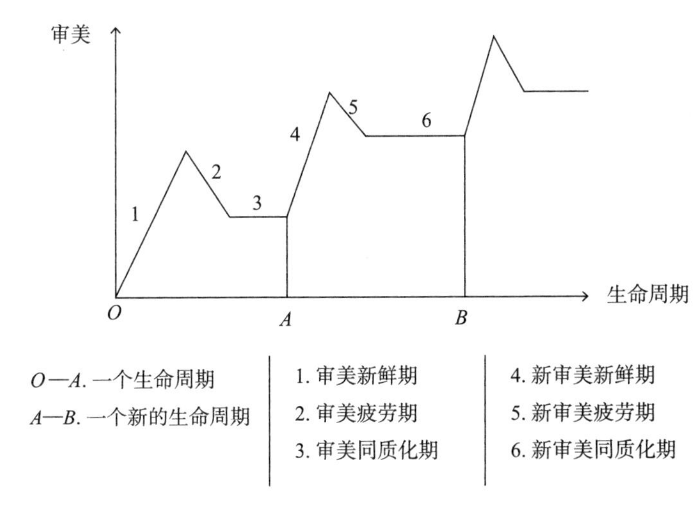

图 2-1　审美生命周期演示图

表 2-1　色彩与“直接式”联想的美

颜色	感性联想
白色	明快、洁净、朴实、纯真、清淡、刻板
黑色	严肃、稳健、庄重、沉默、静寂、悲哀
灰色	温和、坚实、舒适、谦让、中庸、平凡
红色	热情、激昂、爱情、革命、愤怒、危险
橙色	温暖、活泼、欢乐、兴奋、积极、嫉妒
黄色	快活、温暖、希望、柔和、智慧、尊贵
绿色	和平、健康、宁静、生长、清新、朴实
蓝色	优雅、深沉、诚实、凉爽、柔和、广漠
紫色	富贵、温婉、壮丽、宁静、神秘、抑郁

世界中的任何存在均处在联系之中，美亦不例外，其之所以存在“生命周期”之说，即是因为“规律”的引导和参与。规律在美之生命周期中的作用具有双面性，即开始一个新的生命周期与终结一个旧的生命周期。对于前者而言，其是促使美之生命走向旺盛的关键。此种规律即为对具有“创造性”之存在的推理、总结与演绎，是对隶属前一个生命周期之规律的突

破，进而形成“新美”，以适应主观群体的“新需求”，促使美之生命周期处于上升之态势。对于后者而言，其是使美之生命周期走向“终结”的原因。历经长期的实践，起初的创造性在规律的总结中演变为普及，“技术”在规律中变得“有限”，“工具”在规律中走向“规范”，美离不开技术与工具的实现与成就，故在此种情况下，美出现了“共相”之趋势，此种“共相”即为同质化的外在显现。随着时间的推移，同质化致使美之生命周期步入终结。

综上可见，规律与美之生命周期息息相关。在美之生命周期的不同阶段，规律的角色有所异同：在美之“新鲜期”，规律的积极作用促使美之生命周期得以旺盛（如图 2-1 中的“1”阶段与“4”阶段）；在美之“疲劳期”与“同质化期”，规律的消极方面致使美之生命周期走向终结（如图 2-2 中的“2”阶段、“3”阶段、“5”阶段与“6”阶段）。

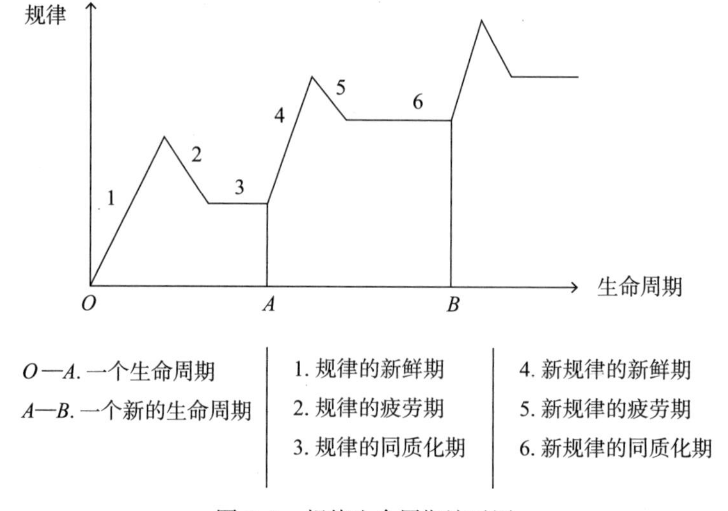

图 2-2　规律生命周期演示图

5）规律与“工”的生命周期

“工”即“生产制作”过程，“美”在其中从“抽象”走向“具象”，“工”与“美”一样，均具有生命周期，因为其不仅是

“发展”中的“工”，而且是处于“动态”中的“工”，故“工”在时间的推移中存在生命周期（图 2–3）实为正常之事。

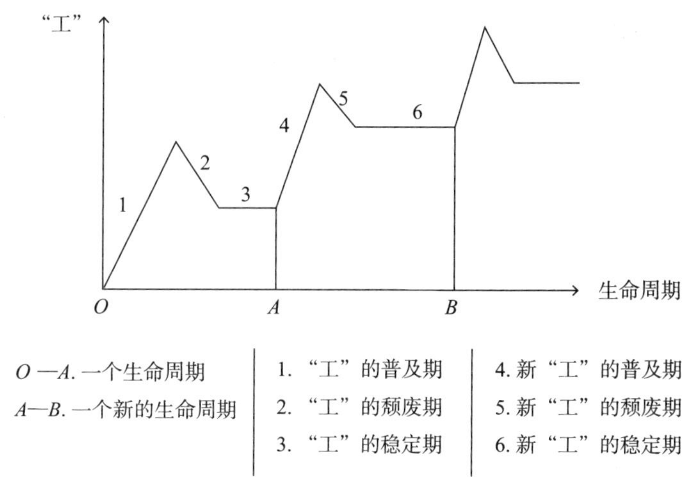

图 2–3 “工”生命周期演示图

规律在“工”的生命周期中也同样具有双面性，即积极方面与消极方面。在积极方面，此时之规律是对前一生命周期终结之规律的突破。在该种规律的引导下，“工”亦出现了新鲜之举，故此阶段为“工”之生命周期的旺盛之时。规律除了具有“积极”的一面，还存在“消极”的一面。历经实践的积累，在规律的引导下，“生产制作”过程已走向“模式”化，长此以往，此种“模式”所出之物并无本质性的区别，故“工”之生命周期走向生命之终点。

综上可见，“工”虽为生产制作过程，但其依然具有生命周期。随着规律的突破，“工”在前一周期的“模式”化中得以解放，故在普及阶段，“工”之生命周期处于上升时期。随着时间的推移与实践的积累，具有突破性的规律走向“理式”，进而“工”亦演变为“模具”，“理式”的规律引导着“模具”化之“工”的运行，加之主观群体新审美倾向的出现（图 2–4），“工”走到了生命周期的尽头。

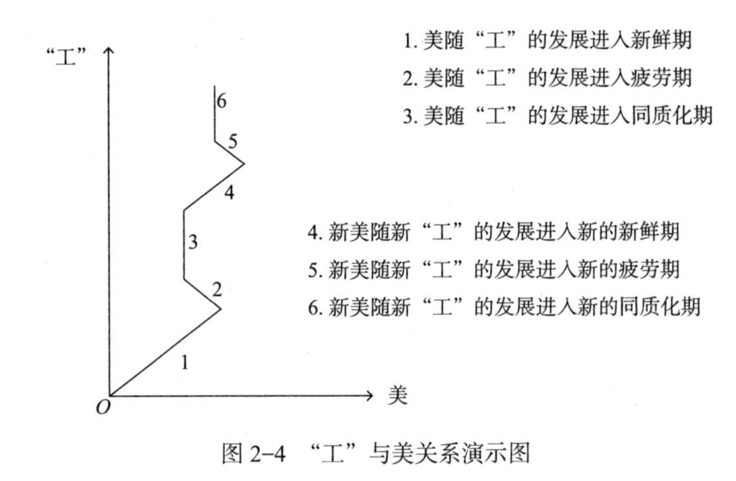

图 2–4 "工"与美关系演示图

2.1.2 设计规律与需求

设计规律与主观群体之需求密切相关，而主观群体之需求有大众与小众之别。对于大众而言，其之审美具有追"风"性，故为了满足此种倾向，设计规律之作用尤其重要。

1）大众需求与设计规律

任何社会都具有两级的存在，即大众层面之主观群体与小众层面之主观群体。经济基础、社会背景、文化素养以及审美倾向等方面的差别，致使两个阶层的需求有所不同，对于大众阶层而言，其之数量占据份额较大。大众阶层与小众阶层一样，均包括两种需求，即"物质性"需求与"精神性"需求，在前者得以满足后，大众阶层出现了"精神层面"的需求，即对"美"的需求与渴望。

对于美之研究，中外皆有，诸如孔子之"里仁"即为美，孟子之"充实"即为美，坤卦《文言》中之"中庸式"之美（如其中所言："君子黄中通理，正位居体，美在其中，而畅于四支，发于事业，美之至也。"），墨子之"万民之利"式之美（如《非乐》中所言："是故子墨子之所以非乐者，非以大钟、鸣鼓、琴瑟、竽笙之声，以为不乐也；非以刻镂、华文章之色，以为不美也……然上考之，不中圣王之事；下度之，不中万民之利。是故子墨子曰：‘为乐非也！’”），荆浩之“求真”式之美（如“度物象而取其真”），李白之“求境”式之美（如“圣代复元古，垂衣贵清真”“自从建安来，绮丽不足珍”“右军本清真，潇洒出风尘”等），毕达哥拉斯之“数理关系”式之美，柏拉图之“辐射说”式之美，亚里士多德之“有机整体”式之美，康德之“纯粹与依附性”之美，黑格尔之“理念的感性显现”之美，鲍姆嘉通之“感性”之美，克罗齐之“直觉式”之美以及车尔尼雪夫斯基之“生活”之美等。从上述之言可知，美有深度之别，其既可是主观群体对存在的直接式反应，亦可是主观群体对存在的间接式反应，前者以“感性”反应为基础，而后者则以“理性”中的“感性”反应为基础。在前文笔者已提及，大众之审美以追风与普及为倾向，故前者之美是其主流表现，即以“感性”反应为基础的“美”。

美是设计的重要组成部分，对于大众阶层而言，美需适应所依靠之“工具”与“技术”的实现：对于工具而言，其需以“工业设计”之“批量化”“系统化”“模块化”“成组化”“标准化”为前提，故工具被赋予了“规则性”之特点；对于技术而言，其需考虑所用“工具”的可行性，故技术被穿上了“有限性”的外衣。综上，无论是实现“美”之“工具”，还是成就“美”之“技术”，均非“自由”之身，其需要某种“共性”参与其中以达到“工业化”之需求，此参与大众主观群体之美的“共性”即为设计规律。

综上可见，大众之美隶属其对“形式轮廓”（即美之载体）的直接性反应，该种反应是其对具有“引领性”美的“追随”与“普及”。在此过程中，“追随”与“普及”具有“共相”之性，那么对于大众需求而言，此种“共相”之美需与“本质”的“同源”密切相关，“本质”的“同源”即为“规律”的发现与应用。通过分析可见，大众需求与规律相生相随。

2）需求与设计规律的和谐性

任何发展均呈动态之过程，需求亦不例外，可将需求分为三个阶段，即需求初期、需求中期与需求后期。对于需求初期而言，其是主观群体之审美的“饥饿期”，此阶段是历经前一阶段之“审美疲劳”后的表现，即“新”的开始；对于需求中期而言，其是主观群体之审美的“普及期”，在此阶段，主观群体开始出现对“新”之审美的追捧，即“新美”之“共性”得以显现；对于需求后期而言，其是主观群体进入审美疲劳期的阶段，历经普及的“新”审美开始出现量的增长，此时的美进入“同质化”阶段，导致主观群体开始进入“疲倦期”。通过上述之言可知，在需求的初期、中期与后期，主观群体之审美具有“新奇”“突破性”“同质化”之特点，此种具有“新”意之需求与旧有之规律、工具与实现方式出现了矛盾，要想使上述方面重回正轨，需将“旧”规律、“旧”工具与“旧”的实现方式蜕变为适应新需求的“新”规律、“新”工具与“新”的实现方式。综上可知，需求与规律之间既有相融之时，亦有矛盾之阶段。

通过前述之言可知，“新”需求的出现导致了“新”审美与“旧”规律间的冲突与矛盾。矛盾并非坏事，其之出现，意味着“新”的开始。历经否定之否定，“新”规律在“扬”与“弃”中对“旧”规律加以递承与发展，使之与新需求和谐共生，即需求与规律的“和谐性”得以出现。和谐与矛盾一样，并非永存之态，需求有阶段之分（即“初期”“中期”“后期”），故其与规律的和谐性亦存有限之时。对于主观群体的需求而言，其与规律的和谐期出现在“初期”与“中期”阶段。

任何适应均有“表现”的外露，需求与规律的和谐性亦不例外。主观群体并非只是“自体”性的主观群体，其也是时代中的主观群体，既然如此，那么“此时代”的主观群体必与“彼时代”之主观群体存有差异，此差异即可通过主观群体之“共性”的需求予以显现。“共性”的形成并非单独之主观群体所为，而是一定“量”之主观群体的“需求”在倾向方面的“一致性”显现，此种显现无法通过需求与规律间的“对立”而实现，其需依赖两者的“和谐”而成就。综上可见，需求与规律的和谐性虽然是阶段性的（即存在于初期与中期），但其意义非凡，两者的和谐是审美之“共相”得以形成的决定性因素（在一个时代或一个阶段，需要审美之“共相”的存在，否则主观群体将无“时代性”与“阶段性”可言）。

在上述内容中，笔者言明了需求的阶段性、需求与规律的和谐性以及两者之和谐性的表现，现笔者将之引入“中国的家具”设计中予以诠释。就目前而言，由于西方设计的长期占据，主观群体已出现了审美疲劳之趋势，故找寻文化的归属感实属合理之事。在中国文化回归的初期与中期，主观群体利用“工业设计”之规律与“机械化”之工具加工制造具有中国元素的家具。在此阶段，中国元素的融入即为“新”需求的出现。疏于传统艺术的研究，致使工业化的脚步并未踏入传统家具行业，为了满足此时主观群体的新需求且可适于机械生产，相关从业者将所用的中国元素（诸如形制、装饰与结构等）予以“形式化”，从而达到实现主观群体之需求的目的。此种将元素“形式化”的做法，便是需求与规律和谐性的表现。此外，从上述内容可知，需求与规律的和谐性会产生某种“共相”，就目前而言，由于尚存的中国传统家具以明清式样居多，故目前基于“工业设计”领域的“中国的家具”设计以“明式”或“清式”为“共相”。

综上可见，需求与规律的和谐出现在需求的“初期”与“中期”，对于中国的家具设计而言，此种和谐亦不例外。除此之外，和谐还是发展中“存在”凸显“不同”的关键。该“不同”与“差异”在于两者因和谐而成之“共相”，其是“时代性”与“阶段性”的显现。

3）需求与设计规律的矛盾性

和谐与矛盾是事物发展的两个方面[3-4]，有和谐，必存矛盾，否则发展无法与时俱进。对于设计而言，其亦是如此。笔者在上文已提及，主观群体之需求包括三个阶段，即初期、中期与后期。对于前两个阶段而言，其是需求与规律和谐相融之期，在此阶段，设计的“共性”得以显露，即时代性与地域性，前者是风格的体现，后者则是流派的彰显。历经需求的初期与中期，设计规律在有限的工具与实现手段中得以普及，于是“共性”的审美演变为“同质化”，最终导致视觉疲劳，进而代表新生力量的“新需求”悄悄萌生。此种代表进步的“新力量”与“旧规律”即构成了矛盾的双方，前者出现了“个性”的需求，而原有之规律无法即刻满足新需求，依然想将主观群体的“殊相化”需求融化在“原有”的工具与“原有”的实现方式之中。在此阶段，主观群体之“新需求”与“原有”的工具和“原有”的实现方式间出现了“不合”之迹象，“原有”之工具与“原有”之实现方式均是原有“规律”中的“工具”与“实现方式”，故代表进步力量的“新需求”与“原有”之规律亦呈“不合”之态。

通过上述之言可见，需求与规律的矛盾表现有二：一为“同质化”的延续；二为代表“进步力量”之“新审美”的开始。前者是在“原有”规律的指导下“原有”的工具与“原有”的实践方式所出之结果。在需求的初期与中期，“同质化”与“共相”不可同日而语。“同质化”是结果，其是由规律、实现方式与工具的“规则性”“规范性”“有限性”造成；而“共相”是表现，其是“同时代”之主观群体在“需求”与“审美”方面的“一致性”趋向，但在审美的疲劳期，情况有所变故，“共相”之需求与审美在“原有”规律、“原有”工具与“原有”实现方式的助益下，走向了“同质化”之路。需求与规律在矛盾方面的表现，除了有“旧有力量”所导致的结果之外，还尚存“新生力量”的萌芽，即“个性化”或“殊相化”需求的出现，此处的“个性”或“殊相”即为“新需求”的显现。综上可见，凡是处于发展中的人或事均会有矛盾的出现，因为矛盾的显现是“新”事物在“新”阶段的“新”开始。

在“需求与设计规律的和谐性”一节中，笔者言明了中国文化回归在设计方面的“和谐性”表现。既然发展是动态的，那么和谐可视为暂时的或阶段性的。历经中国文化回归的初期与中期，主观群体依然沿用“工业设计”范畴内“原有”的规律、工具（即机械）与实现方式（即技术）。故在此时，曾经被视为“新奇”的“明式”或“清式”符号与元素比比皆是，即中国文化回归过程中所显之“共相”演变为产品的“同质化”。久而久之，主观群体在“同质化”中出现了“审美疲劳”，于是代表“个性”或“殊相”的“新需求”得以崭露头角。但在“新思想”未出现“引导”之前，设计规律、工具与实践方式依然是原有的“规律”“工具”“实现方式”，故此刻的“新需求”与“在中国的工业设计”（其与“中国的工业设计”截然不同）理念下的“原有”的规律出现了“不合”。中国设计的回归，于尚存的中国传统家具中找寻灵感实为合理之事。但基于“工业设计”背景下之工具的“有限性”与“规范性”，其无法将具有“创造性”的“手工艺”（“手工艺”与“手工劳动”并非一事）成分以“机械”代之。故在此时，矛盾的双方出现在新需求与旧规律、旧工具以及旧实现方式的不合之中。新需求即“手工艺”中所呈现出的“个性化”之美，而旧规律、旧工具与旧的实现方式即基于“原有”之“在中国的工业设计”理念的“旧有力量”。新旧邂逅，矛盾的产生实为必然之趋势。

综上可见，需求有新旧之分，规律亦有新旧之别，当“新”需求遇到“原有”规律之时，两者的对立即已形成，进而矛盾开始显现。

2.1.3 设计规律与客观存在

规律是主观群体通过对一定量的客观存在的总结、推理与演绎而得的一种本质性认识，设计作为主观群体与客观存在建立联系的桥梁，自然亦不例外。对于设计规律而言，其之存在并非只停留在理论层面，设计规律需对设计实践具有指导意义与作用，要想找寻“设计规律”，就需要有一定量的“设计结果”（即与主观群体关系密切的“家具”）予以配合。主观群体通过从微观到宏观、从局部到整体以及从物质到精神等方面的“层次性”研究，总结出“这一定量”之客观存在于某方面的“共性”与“共相”之处，而后将其升华至理论层面，以指导设计实践、满足某群体之需求、适应某种工具与实践方式等。综上可见，对于设计规律的找寻而言，客观存在至关重要。

1）设计规律与“尚存”的“客观存在”

任何事物的存在均有生命周期，客观存在作为其中之一，亦不例外。客观存在是“存在”需要的“条件性”，若条件与客观存在的“存在”相适应，那么此客观存在隶属“尚存”的“客观存在”之列；若当下之条件与客观存在的“存在”处于不和谐状态，那么此种客观存在便为“消失”的客观存在之范畴。通过上述之言可知，客观存在有两种，即“尚存”的“客观存在”与“消失”的“客观存在”。

设计规律即“设计结果”的“本质”与“必然性”，其是“一类”或“全部”设计结果的“共相”性的显现。对于“一类”而言，设计规律的“共相性”具有“特殊性”之属性。设计之结果的种类较多，不同的使用群体、不同的使用目的以及不同的功能需求，均决定了设计之结果出现了“类”别。“一类”与“另一类”隶属不同类别，故“一类”相对于“另一类”即为“特殊性”之存在，故通过“此类”之客观存在所总结、推理与演绎的设计规律较“另一类”之客观存在所总结、推理与演绎的设计规律，自然身负“特殊性”之属性，由于此类之规律是基于“不同类型”之客观存在所总结、推理与演绎的设计规律，故笔者将其归类为以“类型学”为背景的“设计规律”。除了基于“类型式”“共相”之设计规律，还有“定型式”“共相”的设计规律，该种设计规律与“类型式”设计规律并非全无联系。“类型式”设计规律之所以具有“特殊性”，是因为其兼顾了主观群体的需求，进而激发了设计结果的多样性。因此，规律在“类型式”之阶段隶属生命的旺盛期，历经时间与空间的变换，由于设计工具与设计实现方式的止步不前，“类型式”的设计规律走向“定型式”。在此阶段，主观群体之“新”需求与“定型式”的设计规律出现了不和谐之状态，故此时的设计规律走向了生命的落幕阶段。通过上述之言可知，设计规律的生命周期包括两种“规律”的出现，即“类型式”的设计规律与“定型式”的设计规律。

无论是何种设计规律，均离不开客观存在的配合与参与，即历经物—事—理的过程，得出具有“共相性”的设计规律。“尚存”的客观存在是符合“存在条件”的客观存在的，对于“尚存”的客观存在，主观群体需对其进行剖析以备规律的总结、推理与演绎。在主观群体需要“美”之阶段，对“尚存”之客观存在的探究便不能仅限于“物质性”的研究，需与“精神层面”紧密结合，且此种“精神层面”并非“尚存”之客观存在所在时代之“审美”的复制与再现，而应具有“所需”主观群体所在时代的特性。在前述的内容中，笔者已提及，设计领域中之规律需要外物的配合，方能实现理论的外化，工具与实现方式即为令规律从抽象走向具象的关键，可见，设计规律的实现离不开工具与实现方式的成就。既然规律的实现与工具、实现方式密不可分，那么主观群体对“尚存”之客观存在的“物质性”与“精神性”之研究亦无法以不同主观群体的“殊相性”为出发点，而需在“共相”的基础上体现“特殊性”（由于所用之工具与技法无异，故此处之“特殊性”并非“本质性”之“特殊性”，而是“表象性”的“特殊性”）。要想使得设计规律既兼顾“物质性”，又不舍弃隶属“精神层面”的“审美”，其需使“审美”趋向于“形式化”（在以“机械”为工具的生产背景下，走“形式化”之路是“符合规律”“适应工具”“满足实现方式”的有效途径）。

综上可见，客观存在不止一种，其有“尚存”之“客观存在”与“消失”之“客观存在”之别。设计规律作为主观群体对一定量“尚存”之客观存在的总结、推理与演绎，其有“类型式”设计规律与“定型式”设计规律之分。前者也好，后者也罢，要想找寻其内在的设计规律，均无法脱离一定量“尚存”之客观存在的助益。

2）设计规律与“消失”的“客观存在”

除了“尚存”之“客观存在”的存在，还有“消失”之“客观存在”的存在，其是曾经之主观群体设计结果的表现，虽然已逝，但依然隶属存在之范畴。伴随着中国文化在设计界回归的脚步，“消失”的“客观存在”不仅可实现文化的传承，而且可缓解主观群体的审美疲劳，以令设计之生命周期得以延续。

设计规律的找寻需满足以下条件：其一，需是“尚存”的“客观存在”；其二，“尚存”之“客观存在”需达到一定的“量”；其三，需是同类型“尚存”之“客观存在”于“量”方面的一定累计。对于“消失”的“客观存在”而言，其并不满足设计规律找寻的条件。首先，其不属于“尚存”之客观存在之列；其次，“消失”之“客观存在”既已“消失”，其便无法在“量”之方面达到找寻设计规律所需的条件；最后，既然“已逝”，便不存在一定量的“同类型”之说。

既然条件不符，无法找寻设计规律，那么是否就此放弃？答案自然是否定的。虽然无法通过“直接”之法找寻设计规律，主观群体可通过“间接”之方式予以找寻，即在找寻设计规律之前，先通过“跨界”法寻得“消失”之客观存在的“设计思想”，将“消失”之客观存在复现，而后再通过总结、推理与演绎之法得出设计规律。

对于中国文化而言，其具有传承性之特点，即文化之“根”，“中国的家具”（而非“在中国的家具”）是中国文化的承载者，其需将“民族性”予以延续。在延续的过程中，存在群体之别，即大众群体与小众群体。对于大众群体而言，其作为文化的“普及者”，是“时代共性”得以显现的关键。由于满足此群体之需求的生产制作与“批量化”“标准化”“模块化”“系统化”“成组化”等密不可分，故其设计隶属“中国的工业设计”之领域（而非“在中国的工业设计”领域），既然如此，设计规律必不可少。传承文化并非小众层面之主观群体的特权，大众层面之主观群体亦是主力军。但在找寻用以指导基于机械为主之生产制作的设计规律时，其无法通过大量的“消失”之“客观存在”予以总结、推理与演绎，此时便需要“工艺设计”领域（“工艺设计”与“中国的工业设计”一样，均属“中国的家具”设计之领域）的助益。“工艺设计”作为中国文化的“引领者”，既无需为“工具”所控制，也无需通过大量“尚存”的“客观存在”找寻规律以达传承文化之目的。在“工艺设计”领域，可通过“消失”之客观存在所处时代的“其他文化形式”（即跨界法）予以推演“设计思想”（诸如哲学思想、审美倾向、书法、绘画、文学与其他艺术形式等），而后再将寻得的抽象的“设计思想”通过灵活、自由与无限的工具（包括手以及为手所控制的工具）与实现方式（包括技艺、技法与技能）转化为具象的“设计”，主观群体即可通过“设计思想”的助益将“消失”之“客观存在”“转化”为设计规律。

综上可见，通过“直接法”是无法找寻“消失”之“客观存在”之规律的，但若以寻求“设计思想”为中间桥梁予以寻得设计规律，自然可将“消失”之“客观存在”“转化”为

“尚存”之“客观存在”，进而“设计规律”得以被总结、推理与演绎。

2.2 寻求“设计思想”

在方法论的寻找方面，除了找寻“设计规律”之途径外，还存在找寻“设计思想”之手段。从上述内容可知，在设计中，其内之规律离不开工具、实现方式等物质性内容的配合与参与，而随着时间的延续与空间的延展，工具与实践方式或手段等与主观群体日益变化的审美出现“不合”之倾向，故此时设计规律在群体之“新”需求中出现了暂时的“失效”，要想使规律随着事物的发展而“有效”，必须借由“设计思想”的辅助。“设计思想”作为实践之“思维活动”的结果，既可延续设计之“生命周期”，又可使主观群体之审美再次走向下一个“新鲜阶段”，以满足“新”需求的挑战。

2.2.1 设计思想与生命周期

设计之生命周期与其他事物的发展一样均具动态性，因此，存在始终为正常之事。生命之“始”源于主观群体之“需”，生命之“终”亦源于主观群体之“需”，同为主观群体之“需”，但又有“新”与“旧”之别，从“新”到“旧”离不开“设计规律”的“普及”，从“旧”到下一轮的“新”更离不开“设计思想”的引导。

1）设计思想在生命周期中的作用分析

对于“中国的家具”而言，其可存在于两个领域之中，即“中国的工业设计”与“中国的工艺设计”。同为设计，当“需求”邂逅不同的“主观群体”之时，设计领域自然有所不同。对于大众群体而言，其是“文化普及”的主力军，故此阶层之需求与“量”密不可分，其之设计隶属“中国的工业设计”之列。在此领域中，要想达到“量化”，无论是所需之工具，还是实现方式与手段，抑或是设计指导，均需以“共相”为宗旨，即在排斥“非本质”与“非主流”的基础上完成

“本质”与“主流”的筛选。故在此种情况下的“工具”“实现方式”“设计规律”，均需以“规则性”与“规范性”为发展倾向。对于小众群体而言，其隶属主观群体中的“少数”，故小众群体之需求与大众必然有所区别，其在“需求”方面并非隶属“主流”之行列，而是“非主流”之阵营，故无论是“工具”，还是“实现方式”，抑或是“设计思想”，均以“殊相化”为主。此时的“殊相”在“工具”与“实现手段”方面表现为“灵活”与“自由”，在“设计思想”方面表现为“引导性”，可见，其与隶属“中国的工业设计”领域之“中国的家具”截然有别。既然“大众”之需与“中国的工业设计”领域密不可分，那么“中国的工艺设计”便与“小众”之需如影随形。通过上述分析可知，“设计规律”之于“中国的工业设计”尤为重要，“设计思想”之于“中国的工业设计”分量不轻。

但凡是设计，均有生命周期，无论是“中国的工业设计”还是“中国的工艺设计”，均不例外。生命周期与其他发展的事物一样，均呈“动态”之势，其之表现即为生命周期的“始”与“终”。主观群体是时间与空间中的主观群体，因此，其之所需亦具“时间性”与“空间性”。随着时间的“延续”与空间的“延展”，主观群体的需求出现“新”之动向，故设计作为需求的承载者，亦不会原地踏步呈“静态”之势。当“新力量”与“旧存在”(包括“旧工具”“旧实现方式”“旧设计规律”)出现矛盾与对立之时，“斗争”便已开始，其外化的表现即为隶属“旧时间”与“旧空间”之“设计生命周期”的终结。

通过上述之言可知，设计规律在“规范性”与“规则性”的工具与实现方式中走向“定型式”。规律从“类型式”走向“定型式”虽属无形之“变”，但其亦有外在的表现形式，即“所出结果”的“同质化”倾向与趋势。在此种情况下，主观群体基于“旧规律”的审美在“新需求”的冲击下出现了“疲劳”之势，进而在此“时间”与“空间”范畴内的设计生命周期迎来了落幕期。事物的发展不仅具有“动态性”，而且具有“连续性”，设计之生命周期亦不例外，要想使其“再次”延续，便需使主观群体之需与实现工具和实现手段从“对立”转化为“和谐”。对于工具而言，其只有进行本质性的“转化”，方能开启“后续时间”与“后续空间”的“延续”与“延展”，要想将原本具有规则性、规范性与有限性的工具出现适应主观群体之“新需求”的特征，必然需要历经矛盾的“调和”阶段以完成“转化”。此矛盾斗争过程中的“调和者”即为“新工具”的诞生，此时间与空间中所生之“新工具”需具有“灵活”“自由”“无限”之特性。对于实现方式与手段而言，其意指制作与生产过程中的“技”。领域不同，“技”之含义也迥然有异，在“中国的工业设计”之领域，“技”被诠释为“技术”（其是基于“技术美学”实现方式与手段的解释），而在“中国的工艺设计”之范畴，“技”则被理解为“技艺”“技法”“技能”（其是基于“工艺美学”实现方式与手段的诠释）。在工具的“有限”与“规则”以及“设计规律”的“规范”下，实现方式自然不会出现“灵活”与“自由”之性。在此种情况下，实现方式的“定型化”亦可导致生命周期的终结，要想使得设计之生命周期在“后续时间”与“后续空间”内再次“延续”与“延展”，依然需要具有灵活、自由与多样的实现方式充当矛盾的调节者，以完成对立与斗争的“转化”。众所周知，无论是工具还是实现方式，均离不开规律的指引，在生命周期的初始，其隶属“类型式”规律。此种规律属于“非本质”与“非主流”的“共相”之列，但依然具有“特殊性”之属性。但在生命周期的晚期，规律从“类型式”走向了“定型式”，此种“定型式”具有“绝对化”之倾向，故主观群体之需被“平均化”，因此，设计之生命周期就此结束。要想使“规律”也具有“时间性”与“空间性”，依然需要具有“灵活”与“自由”的“设计指导”充当“调节者”，此化解矛盾之对立的调节者即为具有“引导性”的“设计思想”。

综上可见，设计思想与设计规律截然不同，设计规律具有“规范性”“规则性”“有限性”，“设计思想”具有“灵活”“自由”“多样性”。对于规律而言，若实现其之“工具”与“实现方式”不随时间与空间的转移而“延续”与“延展”，规律最终会走向“定型式”，基于此种情况的设计之生命周期亦会出现终结之迹象。此时，要想使得规律具有“动态”与“延续”之性，“设计思想”的调节极为重要，“灵活”“自由”“多样”即为调节者。

2）设计思想与“美”的生命周期

对于设计而言，其不仅包含着主观群体的物质性需求，而且承载着以物质为基础的精神性需求，故在设计的生命周期中，既离不开设计过程的生命周期，亦离不开制作过程的生命周期。众所周知，主观群体在满足了物质需求后，便开始出现更高一层的精神性，即彰显与表露自我审美取向与情感的更深远层面的需求。

在“美”之方面，由于主观群体的认知有别，可将之分为三个层面之美，即基于“生理”层面之美、基于“生理—心理”层面之美以及基于“心理—文化”层面之美。无论是何种层面之美，在“时间”的“延续性”与“空间”的“延展性”中，其之发展均隶属动态之性，既然并非一成不变，那么存在生命周期实为正常之事。

对于设计而言，生命周期的开始源于主观群体需求的出现与上升，生命周期的终结离不开主观群体需求之“变”。任何事物的发展均有阴阳之面，即肯定方面与否定方面。若目前之审美对于主观群体而言，隶属需求的“新鲜期”，那么此时的矛盾双方处于“和合”之态势，即矛盾的否定方面消融在矛盾的肯定方面，故在此阶段，美之生命周期隶属旺盛之阶段。然而，随着时间的推移，主观群体对美之需求亦在变动，但制作工具与实现方式并未随之而更新，因此主观群体对美之“个性化”的“需求”与当时隶属“共相”之美的“态势”出现了不和谐，即主观群体之“新需求”与“固态化”的形式（意指具有指导作用的“设计规律、令主观群体之美具象化的“工具”与“实现方式”）暂时存在了“不合”之呈现，即矛盾的否定方面暂时无法消融在矛盾的肯定方面。可见，在此种情况下，“美”之生命周期步入了“稳定期”与“疲惫期”，其之外化即为设计结果的“同质化”。

美之“同质化”意味着其生命周期的落幕，要想令其得以缓解且开始下一轮的生命周期，凭借设计规律的调和，恐难达到实质性的改变，故“设计思想”的上阵，方为长远之举动。“设计思想”之于“美”的生命周期作用如下：

第一，设计思想可满足主观群体的“个性化”需求。在设计规律为主导的阶段，其所指导之美以保留“主流”为主，故所出之美以“共相”见长，但在美之生命周期处于“疲惫”之时，主观群体之需求出现了“个性”的显现。此时，无论是设计规律还是工具，抑或是实现方式与手段，均以“固态化”为存在特征，无法满足具有灵活、自由与多样性之“殊相化”的需求。设计思想之所以可满足上述之需，是因“手工艺”之缘故。“手工艺”与“手工劳动”不同，其既不是工业设计之初所提的“为机械所替代”之传统劳动形式，亦非以“生产资料”为主的“实践活动”，其是内含“创造性”的实践活动。故在工业时代，机械所替代的仅仅是具有“重复性”与“批量化”的“手工劳动”，设计思想与手工艺密切相关，其之“灵活性”“自由性”“多样性”可满足主观群体的“个性”之需。不仅如此，设计思想之“引导性”（由于手工艺隶属“本质性”的创造活动，故此种创造性具有“引导性”）还可充当主观群体之“新需求”与“旧形势”（意指旧规律、旧工具与旧实现方式）的“调节者”，以使美之生命周期得以顺利过渡到“新的开始”。

第二，设计思想可引导设计规律走出“新旧”交叠的矛盾之中。设计规律是根据主观群体对美之需求所总结、推理与演绎出的本质之说，其隶属抽象的概念与推理层面，要想将之演变为具体，需具有物质性之“工具”与实现方式的助益。在美之方面，设计规律所反映的是不同主观群体之需的“共相”美，其是对所在时代之“非主流”与“殊相化”之审美倾向的“平均化”演绎，规律要想以具象之态呈现，需有工具与实现方式的参与。从前述内容可知，一个生命周期中的规律与新规律相比，具有“稳定”之特征，但与“自身”相较，却依然处于“动态”之中，即从“类型式”规律走向“定型式”规律。工具也好，实现方式与手段也罢，均会在规律的“定型”中出现“固化”与“静止”，进而使所呈现之美的生命周期临近尾声。设计规律以“共性”为主，故在美的生命周期中，依据其所得之美必以“共相”占主导地位。“共相”之美在“规范性”“规范化”“有限性”的工具与实现方式中达到了“普及”之目的。而设计思想则与之不同，其以“殊相化”取胜，此种特性可缓解且满足主观群体对美的“新需求”，故其较设计规律而言，具有“引导性”之特点。要想协调具有“共性”的规律与主观群体带有“个性”之需的矛盾，设计思想的引导实为必要。

综上可见，设计思想之于美之生命周期的延续确实重要，重要在设计思想因手工艺的存在而具“灵活”“自由”“多样性”之属性。

3）设计思想与“工”的生命周期

在上述内容中，笔者言明了设计思想在美之生命周期中的重要性。对于设计而言，其不仅只有“美”（即设计过程）的存在，还有“工”（即制作与生产过程）的存在。对于“工”而言，其在不同的实践活动中具有不同的表现形式与特征。在“手工劳动”或“等同于手工劳动”（即以外物替代与解放了主观群体之具有“重复性”的实践劳动形式）的实践活动中，设计的“制作过程”或“生产活动”具有“重复性”与“批量性”之特点，此种实践活动方式随着科技的发展，可为“效率更高”的“外物”所替代。诸如工业时代的机械，其与主观群体之“手”或“效率较低”之“工具”相比，更能在“量”上满足其形势之需。可见，在此种生产背景下，“工”以“机械性”取胜。除了“手工劳动”或“等同于手工劳动”的实践活动之外，还有“手工艺”的存在。此种实践活动与手工劳动或“等同于手工劳动”的实践活动不同，手工艺无需以“重复性”与“批量性”为目的，其以“灵活性”“自由性”“多样性”见长。在手工艺中，无论是“技”还是“工具”，均不会走向“物化”或“人化”之境地，即在“控制”方面出现“过度”之举（即主观群体被“工具”或“技”所“过度控制”或“工具”与“技”被主观群体所“过度控制”）。

通过上述之言可知，前者之“工”（即“手工劳动”或者“等同于手工劳动”）随着主观群体“新需求”的出现，其会因自身所具之“规范性”“单一性”“有限性”无法适应“新形势”之“变”，故“工”之生命周期出现了终结之势。比起“手工劳动”或“等同于手工劳动”的“工”，“手工艺”之“工”则与前者截然有别，其内的创造性成分令其突破“固化”与“有限”。在中国文化回归的当前，诸多“技”(包括技艺、技法与技能）无法由“机械”所实现，但“手工艺”却可以在“递承”中完成“新呈现”，此种完成即具“引导性”，此种引导性对具有“批量性”与“重复性”之“生产过程”的意义非凡，即“工”之“新”的“生命周期”的开启。

综上可见，“工”与“美”均具生命周期，在呈现变量的时间与空间里，以“手工劳动”或“等同于手工劳动”的“工”并未随之出现本质性的变化。“工”是主观群体之美得以实现的重要基础，基础未变，所现之美必会从“共相”退化为“同质”。此时要想顺利“退化”步入下一个“新的生命周期”，内含“变”之因素的“手工艺”实属必要，其可在“新”的“生产过程”到来之前，满足主观群体的“个性”之需。“手工艺”作为具有“创造性”之实践活动的“制作”过程，其之所以可满足主观群体的个性之需，还可引导“新”的生产过程（基于“批量化”为基础的生产过程）出现以开启“新”的生命周期，是因为其内具有“引导性”的“设计思想”所为。设计思想作为手工艺的灵魂，其贯穿于手工艺这种具有创造性之实践活动的每一细胞，可见，设计思想对于两种生命周期（即“美”之生命周期与“工”之生命周期）的重要性并无伯仲之分。

4）设计思想与“创造性”的实现工具

设计思想无法自行实现，需要具有物质性之工具的配合。但在此中的工具，与隶属“规则”与“规范”之工具不可同日而语，前者是实现“共相”之美的工具（此种美是历经去“非主流”与“非个性”而得的“主流”与“共性”之美），后者则是实现主观群体“个性”之美的工具。

任何的创造性均需要与“旧有”的“存在形式”有别，隶属承载“设计思想”的工具亦不例外，其在实现设计思想方面具有以下特征：

第一，可实现设计思想之“新”。随着设计规律从“类型式”走向“定型式”，工具作为其之实现工具，亦出现了“固化”之倾向。固化之表现即为美从“共相”步入“同质”，在此演变过程之中，工具之“创造性”在规律的“定型”中退化为“机械性”，其以高于“手工劳动”的“效率”践行着“工”之发展与“美”之呈现。效率是主观群体与时间赛跑的重要体现，其之高低标志着“手工劳动”被替代的程度。在设计规律从“类型式”走向“定型式”的过程中，“高效率”之工具以“更短”的时间产出“更多”的“同质化”之美。在此种情况下，主观群体求“新”之本性必然显露，要想实现“个性”或“殊相化”之需求，工具之“效率”显然已无法成为挽救设计的救世主。此时，具有“设计思想”的工具方可担当此重任，与设计思想唇齿相依的“工具”，其与可替代的“手工劳动”之“高效率”工具截然不同，该种工具内含本质性的创造能力，其可实现主观群体的“殊相化”需求（该种需求无法通过现有的“高效率”工具予以实现）。以中国文化的回归为例，当下，中国文化的回归是设计领域的热点，无论是“中国的工业设计”领域还是“中国的工艺设计”领域，均无法置身于局势之外。但在将“递承”蜕变为“创新”的过程中，并未历经被“机械”所替代之传统，其之创新只能流于“形式”。比起“传统工具”，“机械”在“效率”方面更胜一筹，但在工业设计之初，其将与传统有关的“手工”一并归类为“机械”可替代的“手工劳动”，“手工艺”隶属“手工”之范畴，亦不例外。“手工艺”被等同于“手工劳动”，主观群体认为其与“手工劳动”无异，均可被“高效率”的机械所替代，但事实并非如此，“手工艺”其内的“创造性”成分无法被依靠“效率”见长之工具所替代。目前，以工业设计为模式的家具设计已进入同质化阶段，表现为产品的“不可识别性”（产品缺乏特征是无法识别的关键）。要想令产品再现“可识别性”，与设计思想身影相随的工具是关键，其可令已成“定型”的规律再次走向“类型”之路（规律从“类型”到“定型”代表一个生命周期的完成，要想步入下一个生命周期，其需重新走向“类型”之阶段）。

第二，可实现设计思想之“多”。在此中的“多”意指“多样”与“个性”，“多样”即“个性”，“个性”也可被视为“多样”。主观群体的“新”需求与“个性”关系密切，“个性”因主观群体的差异而“殊相”，不同主观群体的差异化需求，即为“多样化”之表现。要想实现不同主观群体的“个性化”与“多样化”，具有“创造性”的工具极为必要。笔者在前述的内容中已提及，与设计思想相关联的工具并非以“效率”取胜的实现之物，而是以“引导”为灵魂的工具，该工具既可为主观群体之“手”，亦可为主观群体之手所造之“工具”。此工具并非顺应“定型试”设计规律而生的工具，亦非迁就“共相”之美、身具“规范性”“规则性”“有限性”的工具，其是与设计思想相辅相成且身兼“灵活性”“自由性”“多样性”的实现之物。通过上述之言可见，要想实现设计思想之“多”，即设计思想的“个性化”或“多样性”，依靠“规则性”“规范性”“有限性”的工具恐难实现，需以“灵活性”“自由性”“多样性”之工具予以达成。

第三，可实现设计思想之“根”。在上述内容中，笔者言及了设计的“不可识别性”与设计的“可识别性”。对于前者而言，造成其“不可识别”的原因在于文化之根的模糊或消失；对于后者而言，“根”是赋予“可识别性”的关键。在当下中国设计回归之时，工具作为实现设计思想的实在之物，其可为“有根”之设计添砖加瓦。众所周知，高效率之生产模式的到来，并未顾及传统文化的特殊之性，将其误作落后的手工劳动之类，以机械代之。此种“误导性”之行为致使家具中的传统文化被“表象化”或“形式化”，最终，本应在“理解”中被延续的“根”变成了于“复制”中昙花一现。家具设计有“中国的家具”与“在中国的家具”之别，要想使得前者之于后者具有“识别性”，所依靠之手段并非中国元素的“符号化”与“形式化”，而需“根”之流露。中国设计之“根”并非在模仿与复制古人作品中得以时间的延续与空间的延展，而是在“审美观”中显现“根”之所在。中国设计之“审美观”又名“工艺观”，即在“技”（包括技艺、技法与技能）中体现主观群体的“心之所向”，“技”也好，主观群体的“心之所向”也罢，均无法自行达成，而需“工具”的助益。设计思想是“工艺观”的集中体现，“工艺观”又是“中国的家具”之“根”，无论是前者还是后者，均需具有“灵活”“自由”与“多样”的工具配合实现，可见，此种性质之工具是设计思想生“根”的关键之物。

综上可见，设计思想的实现与工具的性质密不可分，此种工具与外化设计规律的工具截然不同，其并非被机械所替之隶属“手工劳动”的落后工具，也非是以“效率”取胜以求“量”之普及的工具。与设计思想紧密相连的工具是内含创造性（意指“本质性”的创造）的实现之物，其表现在于设计思想的“新”“多”“根”的显现。

5）设计思想与“跨界”意识

设计思想并非只隶属“形而上”之层面，由于中国之造物理念是在实践理性中呈现主观群体的“所想”与“所为”，故思想中有实践，实践中含思想，两者不可绝对割裂开来。造物理念中的“所想”即为主观群体“意识”之内容，而“所为”即是主观群体的“实践”或“行为”之内容，在本小结中，前者之内容是所述之重点。

众所周知，任何存在要想发展，必会历经“质”之变化，只有出现了“质”之改变，存在才会在时间与空间的运动中完成“延续性”与“延伸性”，即此种情况下的存在便为“与时俱进”的存在或“进步中”的存在。由于设计规律是主观群体于“所在形势”下推理、演绎与总结的结果，历经时间的延续与空间的延展，形势并非一成不变与绝对静止，即形势具有时代性。在此种情况下，设计规律的“静”与“新形势”的“动”构成矛盾的对立面与斗争面。要想使得规律再次与新形势相适应，内含“质”变之新规律的出现方为缓解之良策，任何的“新”均与主观群体对“其他领域”的认知密不可分，此中的其他领域即为“跨界”。

设计思想中的“跨界”意识之所以能够令设计规律再次适应新形势与新需求，是因为其内具有促成新规律的“进步元素”。此“进步元素”具有角色的两重性，即否定角色与肯定角色。对于前者而言，其在新设计规律形成之初，隶属“否定”之角色，因为任何事物在进步的前一阶段，均有同“新力量”斗争的倾向，以求现状之稳定，设计规律亦不例外。“跨界”意识所生之“新力量”或“新意识”与步入“定型式”的设计规律处于矛盾的对立之面。故在此阶段，由于“定型式”设计规律的“惯性”保守作用，“跨界”意识所含的“进步元素”隶属“该形势”中的“否定角色”，即打破“定型式”设计规律所维持的平衡。任何事物的进步均需历经“否定之否定”之过程，设计规律也不会例外。随着时间的推移与空间的转换，“跨界”意识中“进步元素”的角色出现了“转化”，在“定型式”之设计规律的不断“适应”下，新旧势力从“对立”与“斗争”转化为“和谐”与“统一”，故“定型式”设计规律的“固守”之力被消融在“跨界”意识的“进步”之中并转化为新一轮的“类型式”规律。时至此时，“跨界”意识中的“进步元素”从“否定角色”走向“肯定角色”。

综上可知，设计思想中的“跨界”意识之于设计规律较为重要，其作为引导性的思想意识，内含的“进步元素”是“引导”设计规律走出“定型”走向“下一生命周期”中“类型”的关键举措。“跨界”意识中的“进步元素”在实现其“进步”的作用时，并非一蹴而就，而是在“否定”与“肯定”之角色中达成“旧规律”与“新规律”之转换。

6）设计思想与“跨界”行为

“跨界”意识与“跨界”行为相生相随，要想将设计思想之引导性外化或具象化，“跨界”行为必不可缺，其可被视为新设计生命周期中规律的“客观原型”或“再造”之“尚存的客观存在”，可见，“跨界”行为的重要性之所在。

在设计思想中，其“跨界”行为的存在意义如下：

第一，“跨界”行为的存在可使主观群体领悟“手工劳动”或“等同于手工劳动”的劳动形式与“手工艺”之异同。同为实践活动，形势不同，则劳动形式截然有别。在以满足“物质生产”为主的“实践活动”阶段，“手工劳动”与“手工艺”之差别尚不明显。“仓廪实而知礼节，衣食足则知荣辱”，在“仓廪不实”与“衣食不足”之阶段，将实践活动进行细分，显然是无用之举，但随着“食必常饱、衣必常暖与居必常安”的到来，主观群体开始“求美、求丽与求乐”，此时之实践活动便出现了细化，即“手工劳动”与“手工艺”之别。“手工劳动”以“批量性”与“重复性”见长，此种实践活动可被“高效率”之工具所替代，以减轻制作者之疲劳与满足主观群体以“量”为主的需求。而“手工艺”则是以“自由”与“灵活”取胜，其无需以“高效率”为目的，而是“随性”“随心”之行为。“跨界”行为作为设计思想的重要实践者，其自然隶属后者之实践活动，即“手工艺”，因为只有“手工艺”的“灵活”与“自由”方可打破以设计规律为指导之“工具”的“固化”。可见，在设计思想的“跨界”行为中，“手工劳动”或“等同于手工劳动”与“手工艺”确有不同之处。

第二，设计思想中的“跨界行为”可使主观群体感知工具的角色之别。工具作为实现设计的实在之物，其之角色既可以“效率”为之，亦可以“引导”自处。对于前者而言，其与“手工劳动”或“等同于手工劳动”之实践活动密不可分，其之目的有二，即减轻参与者的身体负荷与满足大众群体对设计于“量”方面的需求。可见，无论是前者之目的，还是后者之目标，均需工具在“效率”方面有所突出，机械化的开始实现了上述之目的的达成。凡事有利必有弊，虽然工具之效率提高了，但主观群体之需也在“效率”的提升中走向“同质化”。对于后者而言，其以“引导性”之角色为主，该种工具与设计思想相辅相成，不以“效率”取胜，却以满足主观群体的“个性”之“需”为目标。在此种情况下，工具不再是加重参与者身体负荷的“手工劳动”或“机械劳动”，而是享受创造的实践过程。可见，工具在不同的背景之下，确有差异之处。

综上可知，设计思想中的“跨界行为”既包含“手工劳动”或“机械劳动”与“手工艺”的区别，亦囊括了设计规律中“工具”与设计思想中“工具”的差异。

7）设计思想与“灵感”

设计思想与设计规律相较，其之“引导性”可使设计规律中的“旧”力量与主观群体的“新”需求走向融合。规律并非不随意识而转移之存在，其亦随时间的延续与空间的延展而“延续”与“延展”，可见规律是发展中的存在。既然是发展，必有“质变”之阶段，而质变的引起需要矛盾之“对立”的引起，“对立”并非随时可显之矛盾，其需“对立”中之“对立面”的激化与刺激，“新”力量即为质变过程中“对立”之“对立面”。要想引起质变，“对立”中的对立面无法靠一己之力将“量变”升华为“质变”，其需“对立”中“另一对立面”的参与，即旧规律。旧规律之于新需求而言，可被视为“旧”力量，这一新一旧则构成了矛盾（或肯定因素与否定因素）之对立的双方。在时间的延续与空间的延展中，对立之双方（对立的双方意为对立中之“对立面”与对立中之“另一对立面”）的斗争最终走向质变。

通过上述之言可知，质变与量变不同，其是引起存在之发展与进步或时间之延续与空间之延展的核心因素，并非遵循逻辑判断与推理之规律而成的发展，而需非逻辑之因素的开启，此处之非逻辑因素即为灵感。灵感是直觉的一种，但其并非一般意义中的直觉（此种直觉是在纯感性基础上的主观群体对客观存在之形式轮廓的直接反应，可见“一般意义”上的直觉特点有三，即纯感性的、需以客观存在的“形式轮廓”为辅助以及反映具有直观性），而是主观群体在具有一定跨界认知基础上的直觉，该种直觉与“一般意义”上的直觉不可同日而语，其之联想与反应无需一定以“形式轮廓”为必要条件，且该种反应隶属“间接”式。除此之外，灵感并非纯感性之直觉，而是在跨界认知中的理性与感性信息的相融。可见，灵感这种非逻辑性的直觉既需要“联想”，亦需“跨界”，该种特征正是赋予设计思想之引导性的关键。

灵感隶属非逻辑性，其之出现必然与依靠逻辑而成的规律有所不符，此种不符即是构成质变之对立面的关键。以中国当代艺术家具为例，欲将灵感引起的质变具象化，中国当代艺术家具作为中国文化在当代之载体，其与基于工业设计之“中国的家具”有所区别。中国当代艺术家具隶属工艺设计之范畴，故以手工艺为主，手工艺的介入并非与机械或高效率之工具划清界限以示清高，而是在机械或高效率之工具无法满足主观群体之需时，其可实现不同主观群体的个性化需求，进而助益设计规律从“定型式”走向“新的类型式”，故中国当代艺术家具中之手工艺满含设计思想。既然设计思想与灵感密不可分，手工艺作为设计思想的显现者，自然与灵感亦无法分割。在前述内容中，笔者提及灵感离不开联想与跨界，手工艺之所以可实现“高效率”之工具无法实现的需求，是因为其并非遵循“类型式”或“定型式”规律的实践活动，而是具有突破性与创造性（意指“本质性”的创造，而非“表象式”的改良）的实践活动。此中的突破与创造即为前述内容中所提之引起矛盾“对立”中的“对立面”。历经时间的延续与空间的延展，矛盾的对立消融在对立面中，进而矛盾的对立面从矛盾的否定走向矛盾的肯定，最终，在否定之否定中得以实现质变。

综上可见，设计思想与灵感密不可分。灵感作为矛盾中的对立面，是引起质变的关键，只有质变的出现，设计规律方可在灵感之身份的转化中走出“定型”(其中的身份意指灵感从矛盾的“否定”方面转化为“肯定”方面)，步入下一阶段之“类型”。可见，灵感为设计思想中不可或缺的部分。

2.2.2 设计思想与需求

需求有大众与小众之别，设计思想的引导作用具有本质性的“殊相”，故其与小众之需密不可分。

1）小众需求与设计思想的关系解析

对于大众而言，其对文化具有普及之作用，故大众需求与设计规律密不可分；对于小众而言，其对文化具有引导性之作用，故小众需求与设计思想如影随行。

对于设计而言，随着时间的延续与空间的延展，“物化”的出现在所难免。物化即在实践活动中，主观群体之需被工具所控制，久而久之，主观群体之需处于变动之中，而工具却依旧不变。“不变”的工具无法实现“变动”的需求与审美，故在此种情况下，有两种结果实为必然之势，即结果的“同质化”与审美的“疲劳化”。要想缓解“物化”之势，需打破工具的垄断地位，使其与主观群体之需求回归“物我互化”格局，小众之需与设计思想便可担当此任。

首先，小众之需具有“殊相化”之势，此种“殊相化”可与物化形势中的“工具”“实现方式”“设计规律”中的任何一方构成矛盾的对立。在任何的发展之中，矛盾双方之关系绝非永久性的对立，历经时间与空间的变动，双方之关系会发生转化，即从矛盾的对立走向矛盾的融合。要想实现此种转化，依靠已成“定型”的规律恐难实现，需要具有带动性与引导性的设计思想。设计思想作为具有创造性的实践活动，其之体现不仅止于精神层面，而且包括工具与实现方式。此中的工具、实现方式与“定型式”规律所引起的物化有所不同，其在实现小众之需时，不会出现垄断之局势，而是在相互理解中将小众之需予以具象化。由此可见，小众之需离不开设计思想的助益。

其次，设计思想具有突破性与创造性。在物化的过程中，无论是设计规律还是工具，抑或是实现方式，均已呈现定型之式，并无突破与创造而言。在此种境地之下，设计规律从“类型”走向“定型”，工具从满足大众之需沦为将需求“批量化”与“标准化”之物，实现方式也成为同质化的同谋，最终，主观群体出现了逆反之举，即其之需求从当初的追捧与跟风退化为厌倦与疲惫。要想缓解此种不良之状，设计思想的出现实为必要之举，但设计思想若无需求之激发，并不会自生而成，小众之需即为激发之良药（大众之需具有跟风性，其无法达到本质性激发之目的）。由此可见，设计思想离不开小众之需。

综上可见，设计思想与小众之需的关系隶属你中有我、我中有你，在缓解物化的过程之中，设计思想离不开小众之需的刺激，小众之需亦离不开设计思想的成就与实现。

2）设计思想与新需求

设计规律与设计思想相生相随，当设计规律走向“定型”之时，设计思想即需出现，若无主观群体之新需求的参与，设计思想恐难发挥作用，故设计思想与新需求之间具有联动性。

新需求既包括“时间性”的新需求，亦包括“空间性”的新需求。在“时间性”的新需求方面，其可谓是主观群体需求的“横向”发展，即在“同一时代”中的需求之新。在需求的“横向”发展中，其之新与设计的周期性紧密随行。一个周期包括前期、中期与后期。在设计的前期与中期，由于主观群体之审美并未到达厌倦，故此时之设计处于旺盛期。在设计的后期，由于主观群体的审美出现了疲劳之势，故此时的设计出现了同质，致使设计开始走向衰落。在该种背景下，主观群体开始出现新的需求，诸如“尚古”与“求新”等，均为新需求的外化。对于小众群体而言，其之新需求靠工具与技法的灵活性、自由性与多样化予以实现。对于大众群体而言，要想成就需求之新，则需新规律的总结、推理与演绎。在具有有限性与规范化的机械面前，手工艺不仅可满足小众之需，而且可为新规律的构建提供总结、推理与演绎所需的“客观存在”，而无论是前者还是后者，均离不开具有引导性的设计思想。

新需求除了具有时间性，还具有空间性。在空间性方面，其可谓是需求在发展中的“纵向”表现，时代性即为纵向表现的外化。主观群体是新时代中的主观群体，其之需求有异于前一时代实为正常之举。在时代更迭之际，受到新思潮的影响，审美与前代自然具有差异化，新审美与新需求如影随形，其之实现需要有别于设计规律之设计思想的助益。以目前较为流行的新中式为例，众所周知，由于在“工业设计”的背景下，新中式对“明清”硬木家具的“形式化”诠释似乎已达到了生命周期的尽头，故在此时，手工艺的介入实为缓解新中式之同质化的关键，即在组合变换、差异化变化与等量代换等方法中融入手工艺之因素，可实现具有突破性的柔性化与多样化，从而满足主观群体的新需求。综上可见，手工艺与主观群体的新需求密切相关。手工艺之所以能满足主观群体的新需求，是因为其内之设计思想的引导，故设计思想与需求之新无法分离。

2.2.3 设计思想与手工艺

在中国设计的回归之路上，设计思想的外化离不开具有创造性的手工艺，其与手工劳动或机械生产全然不同，其之创造性体现在工具的灵活与技法的多样。当设计规律从类型走向定型之时，手工艺的自由[5-6]、灵活与多样可缓解设计之同质化，以开启新的设计周期，即从前一个设计周期到新的设计周期的过渡，可见，手工艺中的设计思想之所在。手工艺作为实践活动的一种，其与具有“重复性”与“批量性”的实践活动截然不同，其是一种隶属精神文明创造的实践活动。无论是隶属工业设计之“中国的工业设计”，还是隶属非工业设计的“工艺设计”，均需明了手工艺的内在创造性。作为具有引导性的实践活动，手工艺之特征如下：

首先，手工艺具有本质的殊相性。殊相性有本质性的“殊相”与表现性的“殊相”，前者是从根本上满足主观群体之需，后者则是将主观群体之需形式化。任何实践活动的成就均离不开工具与技法，手工艺亦不例外，其之所以能从本质上实现主观群体之需，是因为手工艺内之工具未被规则性与有限性所控制。

其次，手工艺具有多样化之特性。手工艺的多样性源自工具的灵活与技法的自由。在工具方面，以绮纹髹饰一门中的髹刷为例，主观群体可根据自身之审美倾向造成不同之物象，诸如流水、洄瀑、连山、波叠、云石皴与龙蛇鳞等，均为多样化在绮纹刷丝中的表现。在技法方面，以金饰为例，金有金箔、一般金粉与泥金之别，故在大漆的金饰中，则有贴金、上金与泥金之分，三种髹饰之法均以金为装饰材料，但所成之物象却不尽相同，这便是技法之自由的表现。

最后，手工艺具有引导性。对于设计而言，引导性是化解主观群体之需与规律“定型化”间矛盾的必然。设计规律从“类型”走向“定型”，是工具之有限与规范所为，要想突破此种状况，便需新鲜元素的介入，即与同质化的实践活动对立之实践活动，该种活动即为具有引导性的手工艺，其之引导性在于可使“旧规律”从“定型”走向新一轮的“类型”。

综上可见，手工艺之殊相性、多样化与引导性，足以令设计思想与设计规律截然不同。

2.3 设计规律与设计思想之辩证关系探究

辩证是矛盾相互转化的关键所在，但凡发展，必存矛盾。在发展之初，由于存在的“惯性”所为，矛盾具有对抗性与对立性，即矛盾的“分”式，历经时间的延续与空间的延展，矛盾中的“进步”因素将其否定面予以消融，从而走向统一，即矛盾中的“合”式。设计规律与设计思想作为发展之一亦不例外，其内蕴含着矛盾从“分”式到“合”式的辩证过程。

2.3.1 “分”式

在“分”式中，其是由设计规律定型化的结果。在此阶段，主观群体出现了新的审美需求，故在满足主观群体之需与规律的“惯性”存在间，矛盾的双方暂时对立，即为“分”式之表现。在矛盾的“分”式中，既包括实践活动间的矛盾，也包括新需求与旧规律、新的实现手段与旧工具之间的矛盾，还不排除传承与创新之间的矛盾。

1）“分”与矛盾

“分”即为矛盾之双方呈现对立之状态，该种对立无论是在传统家具行业还是在现代家具行业均有存在。在传统家具行业中，由于对明清硬木家具的过度迷恋，新古典与新中式在传统家具行业出现了“固化”。在现代家具行业中，因其理念的西方化与生产方式的工业化，在此行业中的“新古典”与“新中式”走向了“同质化”的趋势。综上可见，无论是传统家具行业还是现代家具行业，在固化与同质化的背景下，均会出现矛盾，此时的矛盾呈现“对立”之势。

在设计之生命周期接近尾声，其矛盾之所以有“分”式之倾向，是因为旧存在的“惯性”所为。在固化与同质化的伊始，主观群体有需求的欲望，但在此时设计规律依然是定型式，定型式的规律无法指引工具与技法满足主观群体的新需求，此时矛盾的分式（即定型式的规律与新需求）由于旧存在（即旧定型式的规律、旧技法与旧工具）的“惯性”存在而处于对立之态，故在该种背景下，两种现象必会出现产品的同质化与销售市场的萧条化。

综上可见，矛盾的“分”式可被视为“质变”的开始，即新需求实现推动力。

2）“分”与“殊相”

“殊相”与共相相生相随，在设计之生命周期处于旺盛期的时候，主观群体的“殊相化”需求在“求新追风”中暂退幕后。但当设计之生命周期接近尾声，主观群体之审美已近疲劳，在此种情况之下，其之“殊相化”的需求在“共相化”的趋势中渐现不和谐之态势。

提及“共相化”，其之存在具有双重性：首先，家具设计需要有风格方能凸显特色，以中国文化回归为基础的设计亦是如此。在风格形成的初期，主观群体之需求也处于新鲜期。随着“规律”与“工具”的助益，风格趋向稳定，此为风格的“形成期”，在此期间，主观群体的需求也处于“稳定”之期。风格既已形成，必然存在一致性，此种一致性即为风格的“共相化”。其次，在风格已经稳定的情况下，所出之家具依然遵循与应用以往的规律与工具，随着主观群体审美疲劳的到来，风格的“一致性”(即设计的“共相化”)演变为风格的“同质性”。通过前述分析可知，一致性与同质性即为“共相化”的双重性。

“共相化”从一致性走向同质性，见证着设计风格之生命周期从形成退变为固化。对于家具设计而言，固化必将引发主观群体之审美疲劳，进而出现“殊相”之需，即要求审美出现新取向的需求。在上述内容中，笔者既已提及存在具有“惯性”，其既是维持“固化”的关键，亦是引发矛盾的核心，其中的矛盾意指风格的固化或产品的同质化与主观群体审美的“殊相化”之需求间的矛盾。由此可见，矛盾的对立(即“分”)离不开固化状态下之“殊相化”的需求。

3)实践活动间的矛盾

在矛盾的“分”式中，实践活动间亦有矛盾。随着科技的发展，实践活动的存在形式有所不同，但概括起来，大致可分为两类，即“重复性”的实践活动与“创造性”的实践活动。对于前者而言，由于其实践活动与解放身体疲劳密切相关，故这类实践活动具有可替代性；对于后者而言，其之实践活动具有创造性，该种创造性与重复性的实践活动截然不同，这是一种灵活、自由与多样且不受工具所限的实践活动，故其无“物化”之倾向。前者由于重复性而变得有限。随着主观群体审美之个性化的需求，有限的实践活动必然导致同质化的美，故在此种情况下，矛盾的否定方面悄然萌生，即新的审美需求。若想突破美之同质化，自由、灵活与多样的实践活动方为缓解之良药。可见，两种实践活动在设计周期的新旧相接之时，其内之矛盾呈现对立之态，即“分”式。

对于“中国的家具”之回归而言，由于其之进度无法与“在中国的家具”相匹敌，故实践活动的方式也略有差异。在工业化之初，中国传统家具界并未出现犹如“民艺运动”类之保护“手工艺”的斗争，致使在工业化的进程中，手工艺中的“不可替代性”与“创造性”等同于具有重复性或引发身体疲劳的实践活动可被机械所替。纵观历史，事实则不然，两种实践活动可同时存在，且不存在替代性（意指手工劳动或机械生产无法替代手工艺）。在以手工制作为主的年代，具有重复性的实践活动以手工劳动之形式存在，在以机械生产为主的当下，具有重复性的实践活动则以机械生产与制造之形式存在。随着科技的进步，前者必然会被后者所替代，但手工艺则不能同一而论，其在“手工劳动”或“机械生产”所出之产品走向“同质化”的时候，可在物我互化中脱离旧有工具的束缚，以从本质上满足主观群体的新需求。由此可见，要想走出“物化”，手工劳动或机械生产与手工艺间必然存在对立，即矛盾的“分”式。

综上可见，手工劳动或机械生产与手工艺作为中国设计回归的两种实践活动，若无主观群体之需的参与，两者并无冲突之时，但当主观群体因审美疲劳而出现新的需求之时，两者必然以“对立”的态势出现在新旧设计生命周期交替之初。

4）“新”需求与“旧”规律之冲突

设计具有周期性，家具设计隶属其中之一，亦不例外。在同一设计周期内，主观群体之审美具有“共相性”，此种“共相”的形成与设计规律密不可分。规律是主观群体之需适应客观存在之本质的一种必然性显现。在生命周期的初期与中期，主观群体之需求尚处于饥饿的状态，故在此种情况下，规律与主观群体之需求隶属和谐之势。历经具有“共相性”之设计需求的饱和，主观群体开始出现审美疲劳，故在此时，主观群体萌生了求新之需，因此，在该种情况下，规律与需求之间出现了矛盾，即“旧”规律与“新”需求之间的对立（矛盾的“分”式开始显现）。

中国文化的回归已成大势，但在回归的过程中出现了片面与局限化的发展。明清家具由于尚存量居多，俨然成了人们追捧的对象，无论是传统家具行业还是现代家具行业，均以明清家具为模板，对之进行高仿、改良与组合。在践行创新的过程中，传统家具行业以“经验式”的规律（意为口传心授的匠人式法则）为指导，而现代家具行业则以“形式化”的规律（意为以机械生产为核心的准则）为核心，历经时间的延续与空间的延展，无论是前者还是后者，均会走向同质化，致使设计之生命周期走向终结。因为他们所坚守的规律均是以客观存在为中心，时过境迁，“曾经”的客观存在并非“当下”之客观存在，故以客观存在为核心所得之规律，本身即具有时代的局限，利用此规律所出之产品，必然“复古”倾向明显，这便是新中式与新古典看似同类的关键所在。时代是发展的，以明清式样为参照的设计已千篇一律，这千篇一律并非此时代之特色，故无法在审美方面与主观群体产生共鸣，因此，在此种情况下，矛盾的双方（即以明清为参照的同质化设计与主观群体或时代之需间的矛盾）走向对立。

综上可见，规律与需求间出现对立实为必然之事，前者具有滞后性，后者具有超前性。规律需以尚存之客观存在为物质基础，而后对其进行总结、推理与演绎，故在主观群体对“复古”的需求饱和之后，必然会出现与所在时代之特点相符的新需求。由此可知，在此种情况下，以曾经的客观存在为物质基础的规律无法与当下之时代特性一拍即合，故矛盾必将走向对立。

5）“新”的实现手段与“旧”工具之矛盾

实现手段与工具也是设计生命周期不可或缺的部分，前者是使规律与主观群体之需得以外化的形而中（即“技”），而后者则是成就所有抽象（包括规律、需求与实现手段等）的物质性因素，两者在同一生命周期中既对立又统一。

实现手段与工具在出现对立之时，依旧出现在生命周期的后期，原有的实现工具是满足原有之需的物质性基础，而原有之需是建立在主观群体对“原有客观存在”之“影子”的基础上。主观群体是所在时代的主观群体，对“原有客观存在”的追捧可视为一种“继承性”之“过渡”。待缺憾得以满足后，主观群体之需依然需与所在时代之审美产生共鸣，要想如此，便需突破原有之实现手段与方式，但原有的工具并非立即因此而转换，由于“存在惯性”之所在，两者需历经斗争的过程，即对立由此而生。

通过上述之言可知，新的实现手段是主观群体之新需求得以外化的关键。要想达到突破之目的，便需新工具的配合，但在新工具出现之前，原有工具（即旧工具）必会与新的实现方式形成对立之势。

6）“守”与“立”之矛盾

“守”即传承，“立”即创新。中国设计作为中国文化的载体，其之发展是延续的，但延续并非一成不变或因循守旧，而是在相互区别中实现递承。“守”是对先贤之肯定，“立”是对前代之突破，该种突破与前人之思想或规律有别，具有“殊相性”，否则无法形成新的时代性。由此可见，在时代更迭、周期相交之时，“立”包含着对“守”的否定，即“突破”对“传承”的否定，此中的否定即为“守”与“立”的矛盾。

中国设计作为中国文化的承载者，既需传承，亦需突破，传承在于“有根”，突破在于“出新”（此处之“新”意指时代新风）。家具作为设计中的一种，其既有“时代”之别，又有“阶段”之分。对于前者而言，其意指“纵向”发展中的家具，纵向意味着交替与更迭，在时代交替之际，主观群体之思想意识与前朝必会有所异同，但在更迭之初，前朝之影响不会立刻消散，仍会尚存一段时间，此刻即为“守”之时刻。随着所在时代主观群体之新需求的到来，家具的风格必会出现此时代之特点，该种特点即为“纵向”发展中的“立”（即突破）。任何事物的发展均需过程，从“守”到“立”亦是如此，其间需要与“惯性存在”（诸如哲学思想、实现方式或手段、工具、材料等）产生对立，由此可见，“守”与“立”在家具的“纵向”发展中存有矛盾。

对于后者而言，其意指“横向”发展中的家具，即同时代中的不同阶段之家具。对于此种情况的家具而言，由于主观群体之审美具有新鲜期与疲惫期，故设计被赋予了生命周期。当前一个生命周期走向终结之时，主观群体之审美在“规律”的作用下趋于“同质”，故在此种情况下，主观群体之美出现疲惫实为必然之势。时间在延续，空间在延展，虽在同一时代，但主观群体之需求也会出现“求新”的倾向，此种“求新”即为“立”之前提。众所周知，任何新事物、新需求与新设计的形成均是在过程中完成，前一阶段之规律、实现方式或手段以及工具等因素的束缚，致使代表具有需求“识别性”（意指与上一生命周期之设计的区别）之“立”无法立刻生根。因此，在此过程中，前一阶段之束缚隶属“守”之范畴，其可视为“横向发展”中的旧存在。旧存在具有“惯性”，必会与“新需求”形成对立，此刻的对立即为设计在“横向发展”中“守”与“立”之矛盾所在。

综上可见，“守”与“立”的矛盾存在于两种情况中，即设计的“纵向”发展与设计的“横向”发展。前者也好，后者也罢，在“守”的初始阶段，前朝（纵向发展）或前一阶段（横向发展）的主观群体均视“保守”或“守旧”为传承。在“保守”或“守旧”的过程中，旧存在依然会维持其旧有之形态，但旧有之存在已不再适合新时代或新阶段之主观群体的新需求，故在此时，“旧”与“新”，即“守”与“立”出现了暂时的矛盾。

2.3.2 “合”式

中国设计具有延续性，此种延续性并非一成不变的重复与临摹，而是在传承中包含突破。在新旧交替（既包括纵向发展中的新旧交替，亦包括横向发展中的新旧交替）之际，出现对立实属合理之事。新需求代表“新思想”，由于实现方式或手段（即“技”）与工具的不同，其与旧存在下的旧规律出现了对立之势，此种情况即为上述所言之矛盾的“分”式。但随着新事物、新思想、新需求、新的实现手段或方式、新材料与新工具等的发展，最初的旧规律不再与新思想形成对立，而是出现了统一之倾向，即否定之否定的实现，此种情况即为矛盾的“合”式。通过上述之言可知，矛盾中的“肯定”方面与矛盾的“否定”方面并非持续对立，而是历经了从“分”式到“合”式的过程。

1）“合”与矛盾的化解

中国哲学有阴阳之说，阴隶属矛盾的一方，阳乃矛盾的另一方。若想使得事物从“气化”具象为“形化”，矛盾的双方必须相互作用，即对立与统一。对立是矛盾斗争的显现，此种显现是矛盾出现了“否定”因素，此种否定因素想使发展标“新”，但“新”的介入并非一帆风顺，其需历经与原有矛盾的斗争；统一是矛盾相融，即带有“否定”因素之矛盾走向“肯定”之过程。由此可见，事物要想发展，矛盾的斗争是因，矛盾的统一是果，前者即矛盾的“分”式，后者则为矛盾的“合”式。

矛盾正处“分”式之时，对于设计而言，其之特征即为此设计生命周期的终结，要想顺利过渡至下一个生命周期，需历经矛盾的“转化”，即矛盾从“斗争”走向“统一”。矛盾之“转化”有两种，即“量变”式的转化与“质变”式的转化。对于前者而言，其隶属“表象”层面，即在原有设计上的加减乘除，由于此种嫁接、解构与重组是基于原有设计规律的等量代化与差异化变换，故此种转化只能延续本该结束的设计生命周期，却无法开启“新阶段”或“新时代”之“新”的设计生命周期。对于后者而言，其是新阶段或新时代之具有“识别性”需求形成的关键，在此阶段，无论是实现方式、手段，还是工具，均出现了革新性的变化。实现方式、手段也好，工具也罢，均为设计规律所服务，故在此种情况下，革新后的设计规律与革新前的设计规律必不相同。设计的目的是致用利人，故令无法满足新需求的旧生命周期苟延残喘，并非矛盾转化之终，若想设计以人为本，矛盾之转化必然是“本质式”的。

矛盾历经“转化”，逐步走向“合”之阶段。通过上述之言可知，在矛盾的转化中，既离不开设计规律，亦抛不掉设计思想。对于设计规律而言，其要想出现革新，必离不开设计思想的引导；对于设计思想而言，其要想得以普及，设计规律的辅助亦是必要之举。综上可见，在新设计周期开启之时，设计规律中有设计思想，设计思想中含设计规律。

2）设计规律中有设计思想

设计规律中有设计思想是矛盾之“合”的结果，其表现如下：

第一，设计思想是设计规律走出“定型”的引导者。由前述内容可知，设计规律具有周期性，在周期的初期与中期，设计规律呈现“类型式”，但随着发展的继续，主观群体之需求出现了求新的趋势。由于工具与实现方法所限，此时的规律从“类型”走向“定型”，在“定型”之规律的指导下，所出之设计出现了同质化之局面，进而引起设计周期之落幕，鉴于此种情况，为了满足新时代或新阶段的新需求，原有之规律已无力成就新风格，故需要一种革新力量的引导，即设计思想的出现。在设计思想中，其之所以具有引导性，是因为令设计思想具象化的工具与实现方式均存先进性，较之原有的生产工具与实现方式（意为令规律具象化的工具与实现方式），以设计思想为中心的工具与实现方式具有灵活与自由之特性。此种灵活与自由可满足新时代或新阶段不同主观群体的新需求，此种新需求的实现为设计规律从“定型”再次走向“类型”提供了潜在的可能，即新规律的形成。

第二，设计思想为新规律的总结、演绎与推理提供了新的客观存在。由于设计思想中的先进性可令工具、实现方式或手段得以革新，故其可满足新时代或新阶段的新需求。对于以中国文化为理念的当代家具设计而言，若持续以明清硬木为楷模进行设计，恐难满足新阶段之新群体的新审美，故另求其他形式以开启新的设计周期实为必要之举。诸如髹饰工艺的引入，髹饰工艺与硬木相比，其所涉及之工具与技法必有异同之处，故要想使得新风渐成，需要具有“共相性”之新规律的参与，但新规律的总结、演绎与推理更需建立在新的客观存在的基础之上。而新的客观存在与旧的客观存在截然不同，前者是新思想的代表，而后者则是旧规律的产物，故若想寻找新规律以满足新需求，新的客观存在必不可少，而新客观存在的诞生需设计思想的引导。由此可见，新规律的普及离不开新思想的引导。

综上可见，设计规律离不开设计思想的引导，设计思想不仅可令规律走出“定型”，而且可为设计规律提供总结、演绎与推理的客观存在。

3）设计思想中有设计规律

设计思想与设计规律虽是找寻设计方法论的不同途径，但彼此并非绝对独立无交集。设计规律作为文化的普及者，其中包含着设计思想的引导，而设计思想作为主观群体之需的引领者，其内隐藏着设计规律之生命周期的再次开始。

设计思想是主观群体在新时代或新阶段的新需求，此种新需求可挽救由于“定型式”规律所引起的同质化之现象，此为矛盾走向“合”的表现，该种“合”包含两层意思。

第一，“有根”是设计思想中有设计规律之“合”的一方面。众所周知，中国文明与埃及文明、美索不达米亚文明和印度文明不同，其内聚时间的“延展性”与空间的“延伸性”，故无论是旧的设计思想与旧的设计规律，还是新的思想与新的设计规律，均存内在之联系，即文化的递承性。对于家具设计而言，要想出现标志性，必有风格的形成，此为家具在发展中所显之阶段性或时代性的表现，该种阶段性与时代性即为设计之“共相”的流露，此种流露可视为在此阶段或此时代的主观群体之需求的“同源性”所在。但时代是发展的，任何规律均非绝对，其会随着主观群体之需求的变更而变动，所以当规律从“类型”走向“定型”之时，设计思想的引导已是极为必要之事。但新阶段或新时代之设计思想并非与前一阶段或前一时代之设计规律划清界限式的思想，而是具有内在递承性的引导思想，该思想既保持了文化的连续性，又不失新阶段或新时代的新“殊相”。新“殊相”是开启新设计周期的必要之举，要想使其成为新阶段或新时代的标志，设计规律的介入更是必要，其可将与前一阶段或前一时代具有“识别性”的“殊相”演变为内含新阶段或新时代之新标的“共相”，诸如错金银、金银箔贴花、金银平脱漆器与嵌金银丝，其并非一个时代之产物，但却具有“殊相性”与“共相性”。“殊相”是相对于前一阶段或前一时代之共相而言的“识别性”，此种识别性应归功于设计思想的引导。而共相则是在新阶段与新时代下的一种聚合式表现，该种表现与设计规律的普及密切相关。由此可见，设计思想与设计规律并未走永远矛盾之路，而是在“有根”的牵引下逐步迈入“合”之大门。

第二，设计思想除了使设计规律保持“有根性”，还为设计规律提供了“突破”的方向，以满足新阶段或新时代之需。家具设计作为文化的载体，其需要递承性，但并非定型式的传承，而是灵活性的递承，故在新阶段或新时代开始之时，无论是具有引导性的设计思想，还是具有普及性的设计规律，均需“传承”与“突破”并存。笔者已在上述内容中提及，在一个生命周期中，设计规律会从起初的“类型式”走向同质阶段的“定型式”，规律具有规范、规则与有限之特性，要想自行变动以适应新阶段或新时代之主观群体的新需求，恐难做到。但设计思想与之不同，其具有文化引导性，不受实现方式、工具等条件的限制，故其可利用手工艺满足主观群体的新需求，此种新需求既为与前一阶段或前一时代有别的具有“突破性”的需求，又是设计规律从“定型”重回“类型”的方向与目标。可见，设计规律离不开设计思想，设计思想中内含设计规律。

综上可知，设计思想中含设计规律与设计规律中有设计思想无别，同为矛盾之“合”的表现，但“合”之表现有所不同。设计规律之所以具有递承性，是因为设计思想的“有根性”引导。另外，设计规律可满足新阶段或新时代之主观群体的新需求，源于设计思想中内含有别于前一阶段或前一时代之“突破性”的因素。

2.4　本章小结

方法论作为找寻设计方法的方法，其之求需要合理的途径。对于方法论而言，其之途径有二，即“找寻设计规律”与“找寻设计思想”。中国当代艺术家具作为缓解“工业设计”范畴下家具设计之“同质化”现象的引领者，其需走“找寻思想”之路。找寻思想的内涵包括以下三个方面：第一，中国当代艺术家具中的“手工艺”行为具有创造性；第二，中国当代艺术家具可通过手工艺实现中国家具设计之“生命周期”的承上启下；第三，中国当代艺术家具可通过手工艺之行为满足不同群体的“殊相化需求”。任何新存在的产生均源于矛盾的碰撞，以“找寻思想”为途径的中国当代艺术家具设计方法论亦不例外，其之产生源于对以“找寻规律”为途径的工业设计之“定型”现象的反思。对于“发展中”的中国家具设计而言，矛盾是暂时的，最终会从“分”式走向“合”式，即以“找寻思想”为途径的方法论与以“找寻规律”为途径的方法论具有“辩证性”——“思想”可为“规律”提供具有“同源性”的“本质”与“原型”，而“规律”亦可将“思想”中的引导性予以普及，进而实现时代之共性的形成。综上可见，在工业设计范畴下若想诠释中国文化的创造性，以“找寻思想”为途径的方法论的确定势在必行。

第 2 章参考文献

[1] 杭间. 中国工艺美学思想史[M]. 太原：北岳文艺出版社，1994.
[2] 张天星. 中国当代艺术家具的方法论[J]. 家具与室内装饰，2014（6）：22–23.
[3] 宋志明. 中国传统哲学通论[M]. 3 版. 北京：中国人民大学出版社，2013.
[4] 张立文. 和合哲学论[M]. 北京：人民出版社，2004.
[5] 长北. 中国手工艺：漆艺[M]. 郑州：大象出版社，2010.
[6] 李一之. 髹饰录：科技哲学艺术体系[M]. 北京：九州出版社，2016.

第 2 章图表来源

图 2–1 至图 2–4 源自：笔者绘制.
表 2–1 源自：笔者绘制.

3 本体论的探析

本体论是所探析之存在的本源，对于中国当代艺术家具而言，其之本体论涉及三个方面，即概念与定义、范畴以及源与流。对于概念与定义而言，其是中国当代艺术家具“是什么”的基本问题；对于范畴而言，其是中国当代艺术家具“是什么”的立足问题；对于源与流而言，其是中国当代艺术家具“是什么”的文化连续性问题。

3.1 中国当代艺术家具的概念与定义剖析

在方法论的概念与定义解析一章中，笔者已论述了概念与定义的联系与区别。对于中国当代艺术家具而言，其亦有概念与定义之别。中国当代艺术家具的概念在于“共相性”问题的探讨，即中国当代艺术家具与其他之“中国的家具”的共性，而中国当代艺术家具的定义则是针对“殊相性”进行论述，即中国当代艺术家具与其他“中国的家具”之别。

3.1.1 “中国的家具”与“在中国的家具”

“中国的家具”与“在中国的家具”仅一字之别[1]，但内涵却大相径庭，其之区别在于以下三点：

第一，在造物理念方面，“中国的家具”是以中国造物为核心，而“在中国的家具”则是以他国之设计理念为灵魂。无论是造物还是理念均离不开哲学的参与，中国造物提倡在心物和谐中流露中国哲学之韵味，而他国造物则是在数理和谐中彰显他国哲学之真谛。通过上述所言可知，“中国的家具”与“在中国的家具”存有本质之别。

第二，在实现方式方面，其是成就“联系”的手段与方法。实现方式是令主观群体之所想得以着陆的关键。要想使得“中国的家具”与“在中国的家具”有所相殊，仅凭“形式”予以区分实难说服于人。实现方式作为形而下与形而上之间的桥梁，其可令设计所含“内容”流露本质之差。对于“中国的家具”而言，其之内容需凭借“中国式”的实现方式予以达成，而对于“在中国的家具”而言，其之内容则需借助“他国式”的实现手段得到彰显。由此可见，“实现方式”之差可令“中国的家具”与“在中国的家具”蕴含本质之异。

第三，在审美倾向方面，其是主观群体对承载审美之客观存在的态度，此种态度包括三层，即基于生理层面之态度、基于生理—心理层面之态度以及基于心理—文化层面之态度。对于“中国的家具”而言，无论是基于形式轮廓之感性反应的大众群体（意指基于生理—心理层面），还是借助跨界联想之理性反应的小众群体（意指基于心理—文化层面），其之态度均以“中国审美观”为立足点；而对于“在中国的家具”而言，其之态度则需以“他国审美观”为立足点，进而绽放他国之大众群体与小众群体对美的感性反应与理性诠释。

综上可知，“中国的家具”与“在中国的家具”确非一类，前者是中国智慧的产物，后者则是他国理念的结晶。

3.1.2 中国当代艺术家具的概念

中国当代艺术家具隶属中国艺术家具之列，中国艺术家具除了当代艺术家具之外，还包括中国古代艺术家具与中国近现代艺术家具，三者虽在时间与空间上不属同步之列，但在造物理念方面却具“同根”之源，均是中国造物理念的产物与结果。既然“同根”，必具“共相”之处，而中国当代艺术家具的“概念”即是其与其他两者之“共相”的诠释。

作为中国造物理念下的中国当代艺术家具，其与中国古代艺术家具和中国近现代艺术家具的“共相”处体现于以下四点：首先，三者均隶属“中国的家具”之列。通过上述内容可知，“中国的家具”与“在中国的家具”之本质并不相同，前者是中国文化的产物，中国古代艺术家具、中国近现代艺术家具以及中国当代艺术家具同为中国造物理念的产物，自然应属“中国的家具”之范畴。其次，在审美观方面，三者均以“工艺观”为准绳，即在实践操作中流露所想、所思与所感。再次，三者对“手工艺”之内涵的解读全无差别，无论是古代艺术家具，还是近现代艺术家具，抑或是当代艺术家具，其内之实践活动（即手工艺）均具文化“引领性”。最后，三者在方法论与设计方法上具有“共相”之处。对于方法论而言，三者均以找寻“设计思想”为指引；对于设计方法而言，三者所用之方法均可归结为三种，即以“继承”为主的“加减乘除”、以“创新”为特色的“多材·跨界”与以文化为标识的“有根·多元”。

综上可见，中国当代艺术家具隶属中国艺术家具之列，其与古代艺术家具和近现代艺术家具必然具有相同的造物基础，这相同之处尽在“概念”之中。

3.1.3 中国当代艺术家具的定义

中国当代艺术家具除了与中国古代艺术家具和中国近现代艺术家具存有“共相”之外，还有“殊相”所在，其中的“殊相”即为“定义”的诠释与解读。在中国当代艺术家具中，其之“殊相”包括以下三点：

首先，在时代性方面，中国当代艺术家具是当下之产物，其之时代性应与古代艺术家具和近现代艺术家具有所相异。对于中国当代艺术家具而言，其内之时代性是创新的外化与集中，任何事物的发展均具过程性，中国当代艺术家具亦不例外。在发展之初，中国当代艺术家具离不开对中国古代艺术家具的“组合式”递承。随着“复古风”之审美周期的落幕，中国当代艺术家具必然借“创新”之风开启新一轮的设计生命周期，此时的创新不再是古代元素的拼合，而是中国造物的与时俱进。时至此时，中国当代艺术家具的时代性得以形成，该种时代性即为中国造物在当代的递承与发展。

其次，在审美倾向方面，中国当代艺术家具所接触的主观群体为当代之主观群体，其在审美上应考虑美的“现代性”。美是主观群体基于自身认知对客观存在的一种直接或间接、感性或理性的印象或者反应，对于当代艺术家具而言，此种印象或反应不应将“现代性”置之于外。现代性与当代之主观群体的审美（包括设计者的审美与欣赏者的审美）息息相关，而现代审美具有“融合性”，即国内不同地域的融合与国际不同国家的融合。由此可见，要想凸显中国当代艺术家具的“殊相性”，审美中的“现代性”至关重要。

最后，在实现途径方面，实现途径即实践过程中的“技”。对于中国当代艺术家具而言，其可借助现代工具与科技诠释手工艺之内涵。此处之“技”与依靠机械操作之“技”截然不同：依靠机械之“技”具有“定型式”的特点，而借助手工之“技”则有“灵活”与“自由”的特点。“技”之灵活自由与所用之工具密不可分，换言之，工具的自由是“技”之灵活的物质基础。在古时，由于科技的局限，所用之工具皆出于手工制作，但对于中国当代艺术家具而言，其可借助现代科技予以实现所用工具的“得心应手”，进而成就“技”之灵活、自由与无限。

综上可见，中国当代艺术家具虽与古代艺术家具和近现代艺术家具有“共相”之处，但亦存在自身之特色。在时代性方面，中国当代艺术家具不是古代文化的效仿者，而是当下文化的诠释者；在审美倾向方面，中国当代艺术家具也非中国古代艺术家具的跟风者，其是当代群体审美的解读者；在实现途径方面，中国当代艺术家具不走保守之路，其可借助现代科技成就所用工具的“无限性”，进而赋予实现方式以灵活、自由与无限。

3.2 中国当代艺术家具的范畴剖析

中国当代艺术家具设计隶属设计之范畴，由于其内之实践活动与手工艺密切相关，故其之所属阵营必与以机械生产为主的工业设计截然相殊。

3.2.1 “工”之诠释

“工”即中国当代艺术家具的实践操作过程[2-3]，其与中国当代艺术家具的范畴紧密相随。

第一，“工”之“实践活动”方式决定了中国当代艺术家具的所属范畴。在中国当代艺术家具中，其之实践活动以手工艺为主，手工艺的特点是可成就机械生产无法实现的结构与形制，故具内含本质性的创造行为。

第二，“工”之“工具”决定了中国当代艺术家具之范畴与工业设计判若两界。对于中国当代艺术家具而言，其是中国文化传承的载体，在机械生产未能将传统与现代融洽对接之际，要想实现中国当代艺术家具的与众不同，工具的改良与再设计确为必要之谈。不仅如此，该种工具需为人所控制，不能如机械设计般程式、规则、规范与有限。由此可知，对于中国当代艺术家具而言，其所用之工具与工业设计之工具区别甚大。

第三，“工”之“技”决定了中国当代艺术家具的范畴。在中国当代艺术家具中，其之“技”有技艺、技法与技能之别。无论是“工”的艺术门类，还是“工”之实现方式，抑或是“工”之认知程度，均与机械生产之“技术”并非一物。机械生产之技术是机械控制家具之形制与结构的一种实现方式，而中国当代艺术家具之“技”则是主观群体（包括设计之主观群体与制作之主观群体）与所用之工具共同控制的“中国家具文化”流露的一种实现方式。由此可见，同为实现方式，但中国当代艺术家具之实现方式与机械生产之实现方式确实有异。

通过上述之论可知，中国当代艺术家具无论是在“实践活动”方面，还是在“工具”方面，抑或是“实现方式”（即“技”）方面，均与机械生产具有本质性的区别，因此，两者不属于同一设计范畴。

3.2.2 范畴解析

中国当代艺术家具作为中国文化的载体，其与中国传统家具有着不可脱离的联系。对于传统家具而言，其之造物理念以“工艺美学”(而非“工艺美术”)为主。“工艺美学”与技术美学不同，前者是在手工艺中诠释主观群体“自由”与“灵活”的“无限美”，而后者则是在机械生产中完成“规则”与“规范”的“有限美”，中国当代艺术家具作为上承传统、下启当代之“中国的家具”(而非“在中国的家具”)，要想通过手工艺的创造性承载中国之造物理念，“工艺美学”的精髓不得不递承。众所周知，技术美学指导“工业设计”，那么“工艺美学”亦可指导“工艺设计”，由此可知，中国当代艺术家具的隶属范畴为“工艺设计”，而非“工业设计”。

通过上述之论可知，中国当代艺术家具作为中国造物理念的承载者，其与“工艺美学”无可分割。就目前之状况而言，中国当代艺术家具的生产制作依然无法为机械所实现，故其之设计范畴必不能归属为“工业设计”。

3.3 中国当代艺术家具设计的源与流剖析

设计是文化的载体，无论是以“物质资料”生产为主的设计，还是以“精神文明”创造为主的设计，均有源与流。源即文化之始，流即文化之展，源具有“共相性”，流具有“殊相性”。中国当代艺术家具作为中国文化的承载者，其之“共相”体现在“造物理念”方面，而其之“殊相”则体现在“造物行为”方面。

3.3.1 “共相”与源

中国当代艺术家具的“源”即为中国造物理念之所在，其具有“共相性”之特点，此中的“共相性”包含以下两点：

第一，哲学思想方面的“共相”。中国当代艺术家具作为中国文化的描画者，要想走文化“持续”之路，哲学思想之源不可不承。哲学作为人对物的一种观点，其指引着中国当代艺术家具走“有根”之路。对于家具而言，中国哲学之观念与西方不同，前者在于“心物观”的诠释，后者则在于“数形观念”的运用。对于中国当代艺术家具而言，其之造物理念与中国哲学观需内聚一致，即其之评价标准是实现“境”的到达，而非仅局限于“定型式”之“理”的彰显。由此可见，要想与中国造物理念同根，具有“共相性”的“心物观”确为必要之源。

第二，美学方面的“共相性”。在中国当代艺术家具中，其虽为日用之品，但与基于“生理”层面、“生理—心理”层面的美不同。中国当代艺术家具之美隶属基于“生理—文化”层面之美，对于此种形式的美而言，其之“源”与中国之书法、绘画、文学以及其他领域之艺术息息相关，即与几者具有“共相性”。在书法方面，其对线的反思与中国当代艺术家具之美具有“同根性”，即“源”或“共相”；在绘画方面，其对整体与局部间的“和谐”布局方面的“特色”与中国当代艺术家具之美相辅相成；在文学方面，无论是诗歌，还是词曲，抑或是小说，其内之“所想”或“所思”与中国当代艺术家具中美之“境”具有“共相性”；在其他艺术方面，诸如陶瓷、青铜、玉石以及金银等，其对美的具象化表现可成为中国当代艺术家具之美得以创新的灵感之源。因此，在此种情况下，中国当代艺术家具与其他艺术家具具有同源性。

哲学思想与美是中国造物理念的核心，中国当代艺术家具作为中国文化的载体，其必然与之具有同源性，否则难以实现空间的延续性与时间的延展性，即“有根”的延续。

3.3.2 “殊相”与流

中国当代艺术家具的流意指发展，既然是发展的，其必然具有“殊相性”，否则难以走传承之路。中国当代艺术家具在流方面的“殊相性”表现在两个方面，即“非定型式”的美与“非定型式”的工。对于前者而言，其是中国当代艺术家具有别于中国古代艺术家具与中国近现代艺术家具的关键所在。作为文化载体的中国当代艺术家具，其之递承必须是建立在发展的基础之上，而发展并非对前人之美的效仿与临摹，而是在“有根”的基础上出现突破。诸如目前出现在家具界的仿古风，若无反思，依然照搬古人作品，既难形成时代风格，亦难令中国造物理念续传有道。由此可见，中国当代艺术家具之美的“殊相性”在于反思，此中的反思既包括对传统造物之美的反思，亦包括对当下之设计体系的反思。只有历经此过程，中国当代艺术家具才会走出“定型”，在“非定型式”的美中诠释流的“殊相性”。

对于后者而言，其包括三个方面的“非定型式”，即实践活动的“非定型式”、工具的“非定型式”与实现方式的“非定型式”。实践活动的“非定型式”意指其内之创造性。在中国当代艺术家具中，其之实践活动以“手工艺”为主，比起“手工劳动”或“机械生产”，手工艺具有灵活、自由与无限的特性，其生产制作不必按照某种呈“定型式”之规则与规范的“规律”执行，可满足不同群体的不同审美要求。由此可见，中国当代艺术家具中的“实践活动”确实具有“非定型式”。工具的“非定型式”意指工具的“人化”，而非工具的“物化”。工具的“人化”即工具被人所控制，此中的控制并非“量”的控制（即效率），而是“个性化”的实现。在中国当代艺术家具中，其之实践活动以“手工艺”为主，故其之工具无法走“定型”的路，即手工艺中的“工具”应同中国当代艺术家具的实践活动一般，均具灵活与自由之性。诸如嵌螺钿中的平磨螺钿，要想得到不同需求的钿片式，依靠现有之工具恐难满足，故需另行设计以实现美之需求。通过上述之言可知，工具虽为形而下之物，但同样具有创造性，换言之，在中国当代艺术家具中，所用之工具亦不属“定型式”之列，即具有“非定型式”之特征。实现方式的“非定型式”意指“技”的多样。对于中国当代艺术家具而言，其内之“技”与工业设计技术判若两物，前者有“技艺”“技法”“技能”之别，而后者则仅是实现生产的方式与方法。无论是代表门类的“技艺”，还是内含“横向”与“纵向”的“技法”，抑或是与主观群体认知有关的“技能”，均非一类之色，其呈“多样化”的趋势。由此可见，在中国当代艺术家具之中，这“一”生“多”之“技”具有“非定型式”。

综上可见，流是源的延续。对于中国当代艺术家具而言，其想将中国文化延续与传承，其之流必然具有“殊相性”，“工”与“美”的“非定型式”即为流之“殊相性”的表现。

3.4 本章小结

在提出中国当代艺术家具之方法论之前，必先明了其之本体论，即中国当代艺术家具是什么、中国当代艺术家具隶属何领域以及中国当代艺术家具的源与流。

在中国当代艺术家具是什么方面，笔者从概念与定义两个方面进行演述。对于概念而言，其诠释的重点是中国当代艺术家具与中国古代艺术家具、中国近现代艺术家具的“共相”之处，三者同属中国造物理念下所生之家具形式，故在概念上具有“同根性”。对于定义而言，其是中国当代艺术家具与中国古代艺术家具、中国近现代艺术家具的区别之处，即中国当代艺术家具的“殊相性”表现，其作为中国文化在当下所生之家具形式，中国当代艺术家具必具当代之特色，该种“时代性”即为中国当代艺术家具的“殊相性”所在。

在中国当代艺术家具隶属何领域方面，其与家具的实践活动密切相关。对于中国当代艺术家具而言，其之实践活动以手工艺为主，手工艺的特征是灵活、自由与无限，故其无法与以规则见长的机械生产同属一类。由此可见，中国当代艺术家具的领域应为有别于工业设计的设计领域，由于其与工艺美学不可分割，故笔者提出将工艺设计作为中国当代艺术家具的领域。

在中国当代艺术家具的源与流方面，其所涉及之内容为中国当代艺术家具的“根”与“传承”。对于前者而言，其作为中国造物理念的承载者，离不开中国哲学与中国美学的引导，故两者皆为中国当代艺术家具之源。对于后者而言，其是中国当代艺术家具在源的指引下持续发展的见证，即流。任何事物要想发展，必具有与同类或不同类殊相之处，否则难以立足。由此可知，流之持续需要“殊相”的伴随。

第3章参考文献

[1] 张天星．中国艺术家具概述[J]．家具与室内装饰，2013(9)：18–21.

[2] 张天星．中国当代艺术家具的方法论[J]．家具与室内装饰，2014(6)：22–23.

[3] 张天星，吴智慧，孙湉．中国髹饰工艺传承与发展的理论体系构建研究(上)[J]．家具与室内装饰，2018(2)：82–85.

4 认识论的探析

认识论是主观群体对中国当代艺术家具的认知，此种认知具有反思性，其之反思在于区别的辨析。中国当代艺术家具隶属中国造物之列，故心物和谐与数理和谐并非一理。中国当代艺术家具隶属工艺设计，故其与工业设计也非一物。中国当代艺术家具是以手工艺为主的家具形式，故在实践活动、实现方式与工具方面具有殊相性，除此之外，也离不开匠心的参与，但此中之匠心，既非“工匠”的机械表达，亦非艺术家的个性诠释，而是“艺匠”或“哲匠”在行为或意识方面的跨界表达。中国当代艺术家具隶属美之外化，但其内之美既非仅满足舒适的“生理之美”，亦非基于形式轮廓之直接反应的“生理—心理”之美。中国当代艺术家具既然是美之外化，必然与审美观密切相连，但中国当代艺术家具之审美观既非以技术美学为基准的审美观，亦非哲学角度下的衍生物，而是基于“工艺”角度对中国当代艺术家具之美的看法与观点。由此可见，要想得到正确可行的方法论，对其上所述的认知极为重要，即认识论的探析。

4.1 中国当代艺术家具中的格心论

中国当代艺术家具与基于生理层面的家具不应相提并论，其是主观群体满足“物质需求”之后的一种“精神升华”，故对于中国当代艺术家具而言，其之存在与主观群体的认知息息相关，而认知又与格心密切相关，要想准确表达主观群体之所想与所思，格心认知势在必行。

4.1.1 格心与格物的区别

本章之格心并非脱离物之格心，而是以物为载体的格心。对于中国当代艺术家具而言，若脱离实体存在，格心将形同虚设。中国当代艺术家具作为中国古代艺术家具的递承者，若仅将重点置放于格物，其会遇到如下瓶颈与困境：第一，就传承角度而言，恐难实现文化的持续性。中国古代艺术家具是适应不同阶段之古人需求而生的一种家具形式，一旦主观群体之行为习惯有所变迁，家具的材料、结构、形制、比例与色彩等自然有所更改，若要保持传承，选取何朝何代、何种阶段与何种主观群体的家具作为“格”之源呢？第二，就尚存角度而言，恐难样样皆在，即所“格”之物的缺失。对于设计而言，复古之风在所难免，中国当代艺术家具隶属其一，自然不应例外，假如主观群体所青睐之古风恰好是已消失的家具形式，若依然以格物为研究、诠释或解读之法，势必会令复古之风越行越窄。

通过上述之言可知，在中国当代艺术家具的设计中，要想采用格物之法对中国文化与理念进行递承，恐不是一条可行之路。鉴于此种情况，以格心之法认知中国文化之根，实为合理之举。格心与格物仅为一字之别，但在内容上却相去甚远。

首先，在实现造物理念的一致性方面。对于格物而言，其很难在理念方面实现一致。格物所涉及的对象是同类、同形式、同时代、同地域与同工艺之客观存在（即古代艺术家具）的存在，通过对上述之客观存在进行分析、推理与演绎，得出所在时代之古代艺术家具的设计规律。由于此种设计规律是古代艺术家具所在时代下的设计规律，故时代性十足，随着主观群体审美的变更，此种具有时代性的规律逐渐与新时代主观群体之需产生矛盾，最终随着设计新生命周期的到来，其必然被新时代的设计规律所替代。由此可见，若以格物之法实现中国造物理念的统一，恐为难事一件。对于格心而言，其无需以一定量的“同”型客观存在为依据找寻与解读文化之“根”与造物理念，可通过“跨界”分析法对同时代之设计思想加以推理，从而得出具有“共相性”的造物理念，诸如审美观、方法论与设计方法等核心内容。由此可见，在实现造物理念的一致性方面，格心具有“共相性”，而格物之“殊相性”则较为明显。要想使得中国当代艺术家具与中国文化“同根”，需具有“共相性”之造物理念的支撑，故以格心之法认识中国造物理念，实为合理之途径。

其次，在文化的引领性方面。对于格物而言，其无法实现文化的引领性。在格物规律的指导下，格物所处之中国当代艺术家具依然为母体（即格物所需的古代艺术家具）的衍生物，此种衍生设计是通过对母体进行解构后的“组合变换”“差异变化”“等量代换”，故依然隶属复古之风的延续。可见，基于此种情况的家具设计文化并未出现“引领”之特征，应归属“普及”之范畴。对于格心而言，其可实现文化的“引领”。在此书中，“心”即主观群体的认知。主观群体不同，认知亦有差异，有差异的认知在中国当代艺术家具设计中的反应即为“需求”之不同，此种需求即为文化引领的外在表现。众所周知，主观群体之需求具有时代性，故文化引领亦具有时代性，那么要想实现上文所提的文化引领，仅通过对尚存古代艺术家具设计之规律的总结恐难为之，需用格心之法对中国文化进行认识，以满足当代之主观群体对中国当代艺术家具设计的不同需求，进而实现中国当代艺术家具在当下的文化引领。

最后，在设计的生命周期方面。对于格物而言，其之生命周期具有“单向性”，即美或工的新鲜期—美或工的稳定期—美或工的衰退期“不可逆”，若再继续以格物所得之规律指导设计，设计之生命周期将走向终结。但对于格心的认知法则有所不同，其具有“可逆性”，可使得美或工的生命周期从衰退期重回新鲜期，即美或工的衰退期—美或工的稳定期—美或工的新鲜期。由此可见，格心与格物在中国当代艺术家具之生命周期的延续性方面确有不同。

综上可见，格心与格物是认识中国文化的两种不同方法。格心认知法是从客观存在到思想的认知方法，其不仅可使中国当代艺术家具与中国造物具有一致性，而且可实现文化引领与设计周期的可逆。而格物认知法则与之不同，其是从客观存在到客观存在的认知方法，此种方式在具体之物中求得设计规律，故局限性颇大。通过讨论可知，对于中国当代艺术家具而言，格心认知法更为合理可行。

4.1.2 格心认知与关系论

格心认知离不开关系论，其之重点在于“跨界”，包括物与物的跨界、物与认知的跨界以及认知与认知的跨界，三者具有层面性。物与物的跨界隶属关系论中的第一层，通过此种跨界推理，可求得往昔之艺术家具的“时代性”；物与认知的跨界作为关系论中的第二层，借助该种跨界演绎，可令往昔之艺术家具间互生“关联”；而认知与认知的跨界乃关系论中的第三层，其是令中国艺术家具具有“同一”的关键与必然。

对于第一层而言，利用客观存在间的跨界演绎出某时代或某阶段之古代艺术家具的时代性，其为彼此构建联系夯实基础。对于中国古代艺术家具而言，其尚存数量与种类有限，故借助同时代之其他物件（诸如陶、青铜、玉、金银、瓷、书法与绘画等等）予以推断判别时代共性，乃合情合理之举措。对于第二层而言，其是找寻时代与时代之共性的必然之路。众所周知，中国艺术家具之历史渊源绵长，不同时代的不同阶段与同时代的不同阶段皆不尽相同。纵然历史久长，使用者因时而异，但中国艺术家具并未被碾压于时代的车轮之下，而是代代递承，若仅是形式上的递承，又怎能如此绵延不衰，可见，其代代相传的必不是人人可视的表象元素，而是无形的精神力量，故要想得出不同时代的不同阶段以及相同时代的不同阶段之无形连接，物与认知之间的互相渗透则为必要之举。对于第三层而言，其是令中国艺术家具内聚同一性（即“有根”）的关键，此种同一性即为造物理念的推理、演绎与总结。中国当代艺术家具隶属艺术家具之列，作为中国文化的承载者，其必与中国古代艺术家具和中国近现代艺术家具一脉相承。要想得此结果，需采用高于物与物跨界、物与认知跨界的手段与方式，即认知与认知的跨界，此种跨界可令中国当代艺术家具脱离“形式复古”而递承中国造物理念之路。

综上可见，要想使得中国当代艺术家具“有根”，关系论必不可少。在格心认知中，其关系论具有层面性，内含三个方面，即物与物的跨界、物与认知的跨界以及认知与认知的跨界。物与物的跨界隶属关系论中的第一层，是时代性得出的必然途径，为不同时代的构建联系夯实基础；物与认知的跨界作为关系论中的第二层，目的是构建时代间的“关联性”，此步骤为演绎中国造物之同一性埋下伏笔；认知与认知的跨界作为关系论中的第三层，令中国当代艺术家具寻得归属，使中国造物得以延续与传承。由此可知，格心认知与关系论环环相扣、相随相生。

4.1.3 格心认知与创新论

创新与组合变化、差异变换以及等量代换不同，其之目的是本质之新，通过格物认知法，仅能以完成有形元素的表象组合、变换与代换；而格心认知法则有所殊相，其能通过解读中国造物理念予以实现本质之“新”，由此可见，格心认知与创新不可分割。

对于中国当代艺术家具而言，其之创新并非对前人之艺术家具的高仿与组合，而是在“破”与“立”中彰显时代性，此中的“破”与“立”即创新的两大核心因素。在“破”之方面，其是走出“复古”的重要途径，任何事物的发展均呈过程性，中国当代艺术家具隶属其一自然不会例外，其要想“有根”，设计中“复古”行为之作用不可小觑，此种行为是在“物质层面”寻求递承的关键举动。但随着“旧时代”的远去与“新时代”的来临，仅走复古之路恐难实现中国造物理念的“本质性同一”。新时代需要新审美，若一味坚守物质层面的递承，必会令美之生命周期从“新鲜期”走向“衰退期”，鉴于此种情况，唯有以“破”来延续美的生命周期。“破”有两层含义：其一为“物质层面”的破，即中国当代艺术家具之设计不拘泥于对古代艺术家具的解构与重组；其二为“时代性”的破，即中国当代艺术家具应为所在时代之特征的载体与诠释者。通过上述之言可知，无论是“物质层面”的破，还是“时代性”的破，均需格心认知的辅助。由此可见，要想在“本质上”实现中国当代艺术家具的“创新”，格心认知是势在必行的。

除了“破”，创新还具有“立”之含义，破是实现中国当代艺术家具之创新的“起因”，而“立”是成就中国当代艺术家具之创新的“结果”。在中国当代艺术家具的设计中，“立”意指“时代性”的构建，其之内容有二：一为时代性之“美”的构建，即“美”于当下的“共相性”显现；二为时代性之“工”的体现，对于中国当代艺术家具而言，其内之“工”与工业化之“工”截然相异，中国当代艺术家具中之“工”不仅具有“文化引领性”，而且可令“美”之生命从衰落期重回新鲜期。通过上述之言可知，无论是“美”之时代性的构建，还是“工”之时代性的体现，均为“立”的结果，诸事之果并非一蹴而就，均需“前提条件”的配合。因此，要想使得中国当代艺术家具在设计上出现“立”之结果，格心认知即为与之相合的前提条件。

综上可知，格心认知是中国当代艺术家具实现本质性创新的方法与途径，其之参与配合，可令中国当代艺术家具达到“破”与“立”之结果。

4.1.4 格心认知与递承观

中国当代艺术家具隶属艺术家具之列，其与古代艺术家具、近现代艺术家具具有递承关系，但此种递承并非“物质层面”的解构、分析与重组，而是“根”之同一性的解读与延续。要想实现上述的同一性，格心认知即为合适的方式与途径。

在中国当代艺术家具中，其之递承既不是“工”的递承，亦不是“美”的延续，而是“工”与“美”“关系”的同一性递承。纵观中国艺术家具，历经时间的延续与空间的延展，无论是“工”还是“美”，均会随着时代的变迁而出现变动，但两者的关系却并非如此，其具有“恒定性”之特点，此种恒定性即为中国当代艺术家具之递承观的本质所在，其之特点有二：第一，“工”与“美”之关系具有“无限性”之特点，该种无限意为突破对尚存之客观存在的总结与概括（其中之尚存的客观存在是指尚存的古代艺术家具），通过跨界之法寻求同一性的思想，由此可知，此种“工”与“美”之关系的无限性需借助跨界之途径，方能打破对“有限”的组合变化、差异化变换以及等量代换。第二，“工”与“美”之关系具有一致性，虽然时移势异，但其关系并未随之物换星移，一致性特点逐渐显露，该种一致性是不同时代或阶段之主观群体对中国艺术家具“审美观”的共同倾向，既然是“不同”中的“相同”，必不能延续某一时期或阶段的设计规律。由此可见，借助格物认知探索具有一致性的审美观，并非恰当之选。

综上可见，要想使得中国当代艺术家具在造物理念上具有递承性，格心认知确为“突破有限”与“延续一致”的合理且恰当之途径与方法。

4.2 中国当代艺术家具中的心物和谐论

对于中国当代艺术家具而言，其既需物之承载，又需心之流露，要想令中国当代艺术家具作为当代文化的引导者，两者需和谐共生，即心物和谐。在设计方面，除了有心物和谐的存在之外，还有数理和谐的相随，两者虽同与和谐相关，但重点却不同。

4.2.1 心物和谐与数理和谐

心物和谐与数理和谐同为家具设计哲学之范畴，但两者却迥然有异，其表现可总结为如下内容：

首先，在找寻“设计方法论”的途径方面，心物和谐以寻求“思想”为主，而数理和谐则以找寻“规律”为要。前者可令家具设计脱离“参照物”的束缚而实现“有根”，后者则会令家具设计以“定型式原理”对“参照物”进行“物质层面”的组合变化、等量代换与差异化变换。中国当代艺术家具作为中国当代文化的外化者，其之目的并非沿袭古代艺术家具（即上述所提之“参照物”）在物质层面上的规律解构与组合，而是摆脱古代艺术家具所在时代之“时代性”的影响，进而开创隶属“本时代”的“时代文化”。故此，相较数理和谐，心物和谐更有益于中国当代艺术家具之方法论的找寻。

其次，在“认知”方面，心物和谐“以知为先”，而数理和谐“先物为主”。“以知为先”者，其意在“无限”与“同一”；“先物为主”者，其难在有限与多样。对于心物和谐而言，其之特点为“无限”，其之目的在“同一”，此中之“无限”与“尚存之客观存在”中“规律”的“有限”相对而生。对于中国古代艺术家具而言，要想得到“科学式”之“规律”，其需同工、同美、同时代、同地域以及同匠师作为前提条件。但时过境迁，古代艺术家具虽有传世与出土之作的不断出现，但作为找寻“规律”的条件，却无法达到所需之前提，此为“有限”之一。另外，假设存在一理想状况，即存世（包括出土与传世之客观存在）之古代艺术家具在数量上满足了找寻“规律”所需的前提条件，那么此种“过时”之“规律”当真适合当下的中国家具吗？此为“有限”之二。通过上述之言可知，“有限”只能获得物质层面的“过时式”继承，作为中国文化递承者的中国当代艺术家具，其要想实现文化的“同一”，借助“有限”恐难成就，其需“无限”的助益，因为“无限”可缓解古代艺术家具因存世量不足而无法触及文化“同一”之困境。中国当代艺术家具既为当下之作，其之目的并非“物质层面”的递承，而是“非物质层面”的“同一”，故此，心物和谐必不可少。对于数理和谐而言，其之特点在于“有限”与“多样”，“有限”在于受到数量与种类的限制，“多样”在于“规律”的“多”，因为对同工、同美、同时代、同地域与同匠师所出之古代艺术家具进行本质上的总结与概括，所找寻之“规律”是基于“某个时代”的“规律”，即“规律”具有明显的“时代性”。而对于中国古代艺术家具而言，其有不同时代之别，故所得之“规律”必不“同一”，此种“不同一性”即为“规律”的“多样性”。要想达到传承上的“同一”，该种“多样”之“规律”恐难胜任。

最后，在“类型”与“定型”方面，对于设计而言，生命周期不可忽略，无论其内之“工”，还是所含之“美”，均有生命周期的存在。生命周期因“定型”而终结，亦会因“类型”而延续。对于前者而言，“定型”的原因在于“规律”的总结与演绎，“规律”是以“客观存在”为基础，对同一类可见之元素进行总结之结果，由于上述所言之客观存在已是过时之客观存在，故在此基础上总结其“规律”具有“滞后性”，利用此种“规律”指导当下之中国家具设计，必会走“定型”之路。对于后者而言，其是找寻思想的结果，找寻思想具有文化引领性。前述之言已提及，设计具有生命周期，无论是“工”还是其内之“美”均具有周期性，此种生命周期并非走“定型”之路，而是与主观群体之需求相辅相成。需求具有时代性与阶段性，故采用“定型式”的规律难以适应，可见，需以具有殊相性的“类型”参与调节。由此可见，要想解读因设计之生命周期而产生的殊相性，采用找寻思想之方式方为合理。通过上述之论可知，若以“客观存在”为主要基础的“数理论”为设计的指导方向，会走向“定型”之路；若以找寻思想为主的“心物论”为设计之引导，必不会令设计周期因主观群体审美的疲劳期（意指“工”的疲劳期或“美”的疲劳期）而走向终结。中国当代艺术家具是艺术家具之生命的延续者，并非临摹重复者，故其设计导向应以心物和谐为主。

综上可见，相较数理和谐而言，心物和谐在找寻设计方法论方面、认知方面与延续生命周期方面，更为适合中国当代艺术家具。

4.2.2 心物论与构建方法论

在中国当代艺术家具的设计中，其之方法论的构建以“寻求思想”为核心，要想实现此目标，心物观不可小觑，其之表现如下：

第一，方法论中的思想具有时代性，其是中国当代艺术家具走出复古、开创新风的关键。在中国当代艺术家具中，其之时代性不仅体现在“技”之上，而且蕴含于“美”之中。对于前者而言，古代艺术家具之“技”必与当下有别，若仅以代表当时之“技”的古代艺术家具为参照物，那么所得之总结、演绎与推理，亦为古代艺术家具在技艺、技法与技能方面对古人之实践活动的重复与改良。由此可知，仅以“尚存”之古代艺术家具中具有“物质性”的“技艺”“技法”“技能”为总结、推理与演绎的对象，恐难实现对旧有时代性的禁锢与束缚。对于后者而言，“美”亦具有时代性，古代艺术家具作为中国古人对“美”之需求的集中显现，其内蕴含着古人所在时代的印记，若依然以尚存之古代艺术家具为参照，所总结与概括之“美”依旧隶属古时，故此，利用此法找寻方法论并不适合中国当代艺术家具设计。通过上述所言可知，无论是“技”还是“美”，若仅以“物之本体”为总结、演绎与推理的基础，恐难令设计中的方法论具有时代性。中国当代艺术家具承载着当下之主观群体对中国文化的理解与诠释，故要想令其摆脱“持续复古”的现状，心物观的参与实为必要，其可通过以“知”为始的途径令中国当代艺术家具之方法论具有时代性。

第二，方法论中的思想具有跨界性。由上述内容已知，方法论中的思想具有时代性，时代性是所在时代之“不同艺术”所显露的“文化共性”。艺术形式虽有不同，却可走向文化共性之路，原因便在于思想的跨界性。对于中国当代艺术家具设计而言，其之方法论既然具有时代性，必然有跨界性的配合，此之跨界是家具与其他艺术之间的互相融合，借助以“物”为始的数理观，恐难达到跨界之目的，故此，以“知”为先的心物论，可令方法论实现思想方面的跨界。

第三，方法论中的思想具有一致性。对于中国当代艺术家具而言，由于设计生命周期的存在，中国当代艺术家具的设计风格并非定式，虽然家具的风格呈现多样化，但作为思想指导的方法论却具有一致性，即无论何种风格，其之方法论均具有同一性。倘若以尚存之古代艺术家具为参照物进行总结、演绎与推理，所得之规律具有多样性，即“同种存在”所得的规律相同（诸如同风格、同流派、同工、同美与同匠师）。但对于古代艺术家具而言，其不仅有时代之别，而且有人工之差（即“技”之差），亦有喜好之异（即“美”之异），故若仅凭借存在多样的古代艺术家具为总结、推理与演绎的基础，恐难得出内聚一致性的规律来指导“需求多样”的中国当代艺术家具（此种的需求意指当下主观群体对“美”的倾向与渴望）。

4.2.3 心物论与审美观的确立

中国当代艺术家具隶属家具层面，但其与工业设计范畴下的家具有所区别，其内含手工艺之“美”。工业设计范畴下的家具以机械替代传统的手工劳动，以此提高生产效率；中国当代艺术家具则是以手工诠释思考，打破同质，引领设计之生命周期重回鲜活。“美”之概念并非绝对，一切制作方式皆含“美”，机械生产在技术美学的指引下普及文化，手工艺在工艺美学的指导下引领文化，虽同为“美”，但隶属的领域不同，主观群体对其之判断与思考自然有别。机械之“美”在于“规律”的找寻，故其之审美离不开数理和谐论；手工艺之“美”在于“思想”的找寻，故其之审美观需以心物论为核心。

心物论与中国当代艺术家具之审美观的确立息息相关，其之表现如下：

第一，心物观影响中国当代艺术家具的“工”，其使“工”中含“美”，即通过实践过程将主观群体之思想进行从抽象到具象的转化。此过程与机械生产大有不同，机械生产中的实践过程是将已有的“规律”进行转化，使“美”具有“普遍性”与“大众性”。但在中国当代艺术家具中，其是将“思想”通过实践过程予以转化，令“美”具有特殊性与小众性。特殊性是相对普遍性而言，中国当代艺术家具之“工”是机械无法替代之“工”，具有本质的创造性，创造性的“工”必然包含创造性的“美”。小众性是相对大众而言，中国当代艺术家具中的“工”可满足小众审美的需求，具有文化引导性，凡能实现文化引导性的“工”亦必囊括引领文化的“美”。

第一，心物观影响中国当代艺术家具之“美”，其令“美”脱离抽象，从跨界艺术成为中国当代艺术家具中的艺术。在中国当代艺术家具中，“美”需载体与实践活动的成就，载体为家具本身，实践活动即“工”之过程。心物观不仅倡导“物”中有“心”（即令客观存在具有情感与意境，使其成为承载思想与审美的客观存在），而且倡导“心”中有“物”，即在表达主观群体的思想与审美倾向时，尊重“物”的客观存在。对于中国当代艺术家具而言，家具即为客观存在，通过适宜的“工”诠释主观群体的思想与审美倾向，是“美”融入家具的关键。“美”是综合的，其是跨界艺术在中国当代艺术家具上的流露。跨界艺术隶属其他领域，需借助“工”将跨界艺术予以转化，形成适合中国当代艺术家具的艺术形式，因此，“美”中不可缺“工”。

审美观是主观群体看待中国当代艺术家具的态度，“工”与“美”是其两大因素。心物观影响中国当代艺术家具中的“工”，使“工”中有“美”；心物观亦影响中国当代艺术家具中的“美”，令“美”中有“工”。中国当代艺术家具之审美观的两大因素均受心物观所影响，审美观自然不会例外。

4.2.4 心物论与设计方法的践行

设计方法是方法论与审美观的结论，其是两者得以实现的关键。对于中国当代艺术家具而言，其之设计方法与技术美学的设计方法有所异同。技术美学是诠释规律的一种美学形式[1]，其之设计方法是如何利用规律进行设计的衍生，在同一工具、同一实现方式下，本质相同的规律在设计方法的践行下，从抽象走向具象，具象的结果便是同质化设计的泛滥。同为家具的设计方法，但心物观下的设计方法却有本质之别，其践行的目的不是“设计规律”的普及，而是“设计思想”的传达。设计思想具有引领性，其不受工具与技法的限制与束缚。

通过以上简述可知，技术美学下的设计方法与心物观下的设计方法迥然有异，其之区别在于以下三点：

首先，设计方法的核心思想有别。基于技术美学的设计方法，其之核心是“定型式”规律的运用，在此规律下，设计方法以组合与代换为主。基于心物观的设计方法，其之核心是思想与审美的执行者。思想与规律不同，前者以人为主，后者以物为主。在设计思想之下，中国当代艺术家具的设计方法以灵活、自由见长。

其次，设计方法的实现工具与方式有别。对于工具而言，机械可替代手动劳动，令劳动效率突飞猛进，却始终无法替代手工艺的创造性。在机械的限制下，设计方法无法走向自由与灵活，其需适应机械等高效的现代工具的要求，因此，技术美学下的设计方法受到机械的限制与束缚。而在心物观下，中国当代艺术家具的设计方法不为工具所限制。在中国当代艺术家具中，手工艺是其主要的实践活动，其与手工劳动最大的区别即为工具在实践活动中的地位与作用。在手工艺中，工具是应艺术之需而定，其既不以提高效率为目的，亦不以突出某项技术为追求，因此，在此种工具的助益下，心物观下的设计方法不会因束缚与限制而走向“定型”。对于实践方式而言，其隶属“工艺”之层面，虽同为“工”，但意义却不同：在技术美学下，“工”意指技术；在中国当代艺术家具中，“工”即工艺。技术之“工”具有定型之特点，而工艺之“工”则具灵活与多样之特征。在不同的实现方式中，设计方法出现了差异性的表现：在技术美学下的实现方式中，其之设计方法呈现固定式；在中国当代艺术家具的实现方式中，其之设计方法在灵活中绽放多样。

最后，设计方法的结果有别。设计方法作为设计走向实践的桥梁，在工具与实现方式的配合参与下，必然会出现与指导思想相一致的结果。心物观下的设计方法隶属多样灵活性，其与以组合和代换为主的设计方法不同，前者所出之结果具有多样性之特征，后者所出之结果必然走向同质化。在心物观下，其设计方法是以“创造”之途径流露主观群体的内心所需，此种设计方法不是规律（意指通过客观存在总结与演绎的结论）的普及者，故所出的中国当代艺术家具不存在“量化”与“同质化”现象。

通过以上的对比论述可见，指导思想影响着设计方法的践行，技术美学以数理和谐为思想，其所诞生之设计方法无法挣脱数理规律的指导。心物观与数理观不同，前者以人为主，后者以物为先，因此，在心物观影响下的设计方法与数理观下的设计方法不可同日而语。通过上述之论可知，心物观对中国当代艺术家具设计方法的影响涵盖三点：第一，心物观使得中国当代艺术家具的设计方法突破了规律的“定型”；第二，心物观令中国当代艺术家具的设计方法不受工具与实现方式的限制与束缚；第三，心物观使得中国当代艺术家具的设计方法在创造中摆脱了同质化倾向。

4.3 中国当代艺术家具中的殊相论

中国当代艺术家具虽隶属家具范畴，但其与工业设计领域中的家具尚存本质之别，其之区别主要体现于三点，即所属领域、审美观与找寻方法论的途径。

4.3.1 殊相与所属领域

殊相即客观存在与同类中“其他客观存在”的本质性差异，其是一类客观存在区别于另一类客观存在的核心。中国当代艺术家具与工业设计范畴下的家具均隶属家具之大类，但由于存在需求的不同，两者所隶属的领域也出现了差异，中国当代艺术家具隶属工艺设计之范畴。

工艺设计是以工艺美学为思想核心的一类设计形式，其之特点如下：

首先，工艺设计的实践活动具有殊相性，其之实践方式以手工艺为主。在中国当代艺术家具中，其所倡导之手工艺并非抵抗机械生产与科技进步的借口，而是中国文化传承的必经之路。在工业化之初，中国传统家具并未走“双规制”，即工业化与手工艺并行之路，而是在机械大生产的大潮中随波逐流，将手工艺视为手工劳动，为机械化所替代。文化是抽象的，其需客观存在的承载，家具作为载体之一，其中不仅内含价格文化，而且囊括价值文化，价格文化离不开工业生产，而价值文化与手工艺息息相关。对于中国当代艺术家具而言，其依然以西方现代家具设计理念为核心，若想使得“中国的家具设计”与“在中国的家具设计”出现本质之别，传统家具文化的传承势在必行，手工艺即为文化传承的重要实践活动。

其次，工艺设计在家具文化传承的作用中具有殊相性，其之殊相在于文化的引领。无论出于何时何代的家具，其内所承载的文化均具两种属性，即文化的引导性与文化的普及性，只有如此，处于不同时间与空间的家具才有风格之别。文化的引领性与文化的普及性并非两级对立，而是相辅相成。工艺设计是文化引领之源，而工业设计则是文化普及之源，但凡设计，均具生命周期，当价格文化因产品的同质化而无法维持时，主观群体的审美出现疲惫与厌烦，此时，工艺设计的引领性作用突出。手工艺既可实现机械无法实现的“工”，亦可成就批量化无法成就的“美”，这种具有创造性的“工”与“美”可为工业设计冲破生产方式的束缚与限制提供必要的引导，待新规律替代早已定型的旧规律时，依据新规律所出之新的工业化家具已能满足大众主观群体的新需求，此时，设计的生命周期在文化普及中得以恢复。通过以上论述可知，在设计的生命周期中，文化的引领性不可小视，工艺设计作为文化引领之源，其可为工业设计提供新规律所需之总结与演绎的对象。

最后，工艺设计中手工艺的范畴具有殊相性，其所涉及的是中国手工艺。中国手工艺蕴含中国文化之根，工艺设计作为中国当代艺术家具的范畴，其需将传统手工艺予以解读，解读的目的在于文化的树立。中国传统手工艺在工业化席卷之际，还未转型，就已被机械大生产所淹没，家具作为其中之一自然亦不例外，其内所承载的文化也因此被烙上西方理论之印。自此之后，“中国的家具”沦落为“在中国的家具”，若想重拾中国造物理念，对中国手工艺的解读势在必行。

通过以上论述可知，工艺设计是有别于工业设计的设计范畴，其是借助手工艺（意指中国的手工艺）“引导”设计文化的设计形式。

4.3.2 殊相与审美观

审美观是主观群体对客观存在之美的倾向与态度，对于家具而言，其之审美观即主观群体对家具之内的倾向与态度。家具作为文化的载体，其内包含不同的哲学类别，为了与西方设计哲学小有区别，承载“中国文化”的“中国家具”充斥着中庸与阴阳。在思想迷茫、理论不明的当下，将中国哲学（与“中国哲学精神”有着本质之别）融入家具之中固然不差，但哲学是运动的，将具体的某种哲学作为家具的审美观恐有不妥之处。

中国当代艺术家具作为中国造物理念的外化，其之审美观在“角度上”具有殊相性。中国当代艺术家具是“中国手工艺运动”的结果，其需借助“手工艺”传达主观群体对中国当代艺术家具中美的看法与态度。美是变量，在不同的时间与空间中，其之内容与形式均处于运动之中。中国当代艺术家具诞生于当下，其既可诠释天人合一，亦可呈现阴阳和合，还可流露中和为道，这些仅是美的“倾向”，具有个体化，不适于作为审美的态度与看法。审美观与美的倾向不同，其是不同主观群体对同一类客观存在具有“共性”的态度与看法，换言之，审美观具有“统一性”。对于中国艺术家具而言，此种“统一性”离不开“手工艺”的支撑，故此，中国当代艺术家具的审美观需站在“手工艺”的角度予以诠释与论述。

综上可知，中国当代艺术家具的审美观并非不同主观群体对中国当代艺术家具之美的“不同倾向”，而是具有差异性的主观群体对中国当代艺术家具之美的“共相性”态度。中国当代艺术家具是“中国手工艺运动”的产物，故相较于哲学高度，立足“手工艺”的角度找寻中国当代艺术家具之审美观更为妥当可行。

4.3.3 殊相与找寻方法论的途径

方法论是寻找设计方法的方法，对于中国当代艺术家具而言，其与工业设计之范畴的家具有着不同的作用职能，故此，找寻方法论的途径与方法具有殊相性。

方法论本身并无立场之争，只有将之置放于不同的设计领域，其才有职能之别。找寻方法论的途径有二，即以“物”为基础的找寻方式与以“人”为基础的找寻途径。对于以“物”为基础的找寻方式而言，其需从“物”中总结规律。“物”作为客观存在之一，其既具“特殊性”，又有“变动性”，特殊意指“类”与“类”之差别，即在“一类”之外还有“其他类”的存在。变动意指作为客观存在的“物”具有时间性与空间性，即同一物在不同时代的不同阶段或者同一物在同一时代的不同阶段所出现的差异性。“物”之所以具有“特殊性”与“变动性”，其原因在于“物”之“形成因素”的特殊与变动。材料、实现方式与工具是“物”之形成因素的物质基础，通过对同一时期、同一阶段、同类、同一材料、同一实现方式与同一工具的一定数量之物进行总结与演绎，可得“此物”之“形成规律”。通过上述之论可知，对于以“物”为基础的规律总结而言，其总结与演绎的是“物”的“形成规律”。规律是一类本质相同之客观存在的共性，借助其可实现“物”的衍生，即同类“物”在“数量”上的递增。

除了以“物”为基础的方法找寻方法论外，还有以“人”为基础的方法论的找寻。此种方法论的找寻需借助“思想”来引导物的“形成”，即通过找寻思想来寻求方法论的途径。思想是抽象的，其既具递承性，又具求新性。递承是对前人的保留，求新则是对所在时代特征的构建；递承意指具有辩证性文化的保留，具有综合性，求新意指审美的形成，具有本质的突破性[2-3]。递承也好，求新也罢，其之构成因素具有综合性，此种综合并非“物质层面”的综合，而是“思想层面”的融合。对于递承而言，其是主观群体对前人之思想文化的肯定，而非对前人所用之“物”的不舍。时值当代，中国当代艺术家具作为有根设计的代表之一，其需将前人之思想通过当代之手工艺加以递承，而非借助规律（意指对前人所用之物的形成因素进行总结与演绎的规律）对过时之物进行复制与临摹。对于求新而言，其是有别于前人所在时代之审美的标志，具有本质的创新性。创新包括引起因素与形成因素，引起因素即创新之源，其是打破因规律定型而造成的审美同质，规律是一类“物”之形成因素的复制，而创新则是利用“新”的实现方式与工具来构建“新的形成”。形成因素作为创新的组分，其与规律来源的“已存”形式因素具有矛盾性，即通过已有的实现方式与工具无法达到创新之目的。通过以上之言可知，无论是思想中的传承，还是其中的创新，均无法通过规律套用于当代生根。

中国当代艺术家具作为有根的中国设计，其在设计中具有引导性，而引导性与普及性不同，当设计的生命周期因产品的同质化而走向尾声时，中国当代艺术家具中的引导性与工业设计中的普及性是矛盾的，其需以手工艺的创造性打破已有规律的定型，故中国当代艺术家具在找寻方法论途径方面具有殊相性，其是以找寻设计思想为途径，即以“人”为基础的找寻方式。

4.4 中国当代艺术家具中的实践活动

中国当代艺术家具是主观群体参与的结果，即一类主观群体改造客观存在并满足另一类主观群体之需求的过程。在此过程中，既有人之因素，亦有物之因素的参与，中国当代艺术家具即在人对物的行为中产生，其中所提之人对物的行为，便是实践活动。中国当代艺术家具与工业设计范畴中的家具有所区别，其不以追求“效率”为目的，效率与“一致化”密不可分，“一致化”即“一致化”的“工具”与“一致化”的“技术”。因此，在工业设计范畴中，生产家具的实践活动的特点具有效率性。中国当代艺术家具则以“引导文化”为目的，其之实践活动是中国造物文化的呈现，无需以效率作为衡量标准。

4.4.1 实践活动的分类

设计具有两极化，即大众化与小众化。与设计密切相关的实践活动亦是如此，其也具两极化之特征，即以大众化之“普及文化”为主的实践活动与以小众化之“引导文化”为主的实践活动，前者与效率密切相关，后者与理念再现息息相关。

1）基于“普及文化”为主的实践活动

文化的普及离不开两大因素，即大众化与效率化。前者是文化普及的主观存在，即文化普及的主要对象；后者是文化普及的客观存在，即文化普及的辅助对象。对于大众化而言，其是大多数主观群体对客观存在（意指家具）的“追风化”表现，此种追风的表现主要集中于主观群体对于美之态度。大众化对美的追求是具象的，该种具象是“现象”的结果性表现。对于家具而言，被赋予时代风格的各种家具即为“现象”，在众多“现象”中，大多数主观群体选择了时代风格最为明显的“现象”。明显的时代风格是“形式化”了的时代风格，即通过“形式轮廓”引起主观群体对客观存在的“直接反应”，由此可知，大众化对美的“追风化”表现是“形式化”的。

文化普及除了与大众化关系密切之外，还与效率化相辅相成。效率化是实现文化普及的方法与途径，其之针对对象为工具与实现方法。在工具方面，以机械生产替代手工劳动。在未进入工业化之前，人们采用手工劳动的方式制作家具，其之特点是生产周期长与产量低。进入工业设计后，机械替代了手工劳动，生产周期缩短，产量提高，为大众化的普及提供了夯实的物质基础。在实现方式方面，其具有“质同”之特点，实现方式即技术。在工业设计范畴的家具制作中，技术需依赖机械的存在而存在，其最终目的是效率的提高。以追求效率为目的的技术必然与模数化、标准化与数字化无法分割。通过上述分析可知，效率化既离不开高效率工具的参与，亦离不开“质同”之实现方式的参与。

文化的普及是目标，其需过程的实现，此过程即为成就“文化普及”的实践过程。通过上述分析可知，在此过程中，既离不开主观群体的“追风”，亦离不开工具与实现方式的“效率”。任何过程均有结果，以文化普及为主的实践活动亦不例外，主观群体的“追风化”与客观存在（意指工具与实现方式）的“效率化”导致“现象”走向“同质化”。

综上可知，以“普及文化”为主的实践方式具有两面性：一面促进了设计时代性的形成；另一面则导致了产品的同质化。前者利于设计文化的发展与形成，后者则阻碍了设计生命周期的延续。要想使得以“普及文化”为主的实践方式走向积极的一面，其需与另外一种实践活动相依而存，即以“引导文化”为主的实践活动。

2）基于“引导文化”为主的实践活动

文化具有两面性，即普及性与引导性，两者相依而存，缺一不可。文化的普及可令时代风格出现特征，文化的引导可使文化的生命周期得以延续，其之延续在于“创造性”。文化隶属抽象，其需在主观群体与客观存在的共同参与下转化为“可知”的文化，此种转化即为文化实践活动。文化的实践活动与文化无别，均具两面性，即以“普及文化”为主的实践活动与以“引导文化”为主的实践活动。

以“引导文化”为主的实践活动，其特点在于“创造性”。在家具设计中，创造性的表现如下：第一，满足小众对“文化本质”的需求。“文化本质”与“文化现象”截然相殊，前者是“时代精神”的追求，后者是“时代形式”的跟风。第二，以“引导文化”为主的实践活动，其内之创造性可令“设计”的“生命周期”得以延续。在家具设计中，生命周期的终结与产品的“同质化”密不可分，同质化的产品必然具有类似的“形式”，类似的形式必然是同样之工具与实现方式共同作用的结果。要想突破类似的形式、同样的工具与无异的实现方式，需靠突破式之实践活动的助益，即新的思想、灵活的工具与多样的实现方式。

通过以上的论述可知，以“引导文化”为主的实践活动的“创造性”与以“普及文化”为主的实践活动的“追风化”和“效率化”不同，前者的设计思想不仅具有引领性，其工具与实现方式还具灵活性与多样性之特点。

4.4.2 手工艺的特点研究

提及手工艺，势必会涉及传统，传统包括两个方面的含义，即“时间意义”层面的传统与“价值意义”层面的传统。对于前者而言，其代表历史遗迹，隶属过去式；对于后者而言，其是精神的延续，具有递承性。手工艺是主观群体创造美的一种实践活动，美具有时代性，故手工艺并非一成不变，其是在“变”中实现精神层面的递承。

手工艺作为主观群体的实践活动，其与手工劳动和机械化不同，其之特点如下：第一，手工艺具有灵活多样性，其之灵活多样在于“工具”与“实现方式”。对于手工艺而言，工具的意义在于辅助匠师完成创造性的实践活动，其可通过“细化”工具的方式实现手工艺的多样化，细化工具可实现灵活之目的，即得心应手。在手工艺中，工具的细化是因，实现方式是果，灵活的因必定结出多样的果。第二，手工艺具有不可替代性。替代性的实践活动通常是以“效率”作为衡量标准，待科技更发达、技术更进步，“低效率”的实践活动必定为“高效率”之实践活动所替代。但手工艺不同，其既不是劳动的重复，亦不是以“求量”为目的，而是以达到本质的创造性为己任。具有本质创造性的实践活动不存在“被替代性”，原因有二：首先，以“高效”为目的的工具不具备“细化”的基础条件；其次，具有统一性的机械无法为实现方式提供灵活性。由此可见，手工艺无可替代。第三，手工艺具有文化引领性，其是延续设计之生命周期的关键。设计之生命周期既需设计规律的参与，又需设计思想的启发，前者是“普及文化”的关键，后者则是“引领文化”的必需。当设计规律普及到一定阶段，产品的同质化是其外在表现，此时，设计的生命周期接近终结，需要新思想的介入，为新规律的诞生提供总结与演绎的来源。手工艺可通过灵活的工具与多样化的实现方式达到突破，即突破定型式的规律、突破固定的工具、突破统一的实现方式与突破同质化的产品，此种突破即为引领。第四，手工艺具有文化传承性。文化传承在于古今的沟通与关系的建立，此种建立不在于“形式层面”，其需“内容层面”的支撑。对于工业设计而言，其可利用高效之工具达到量的超越，此种生产方式具有较强的“科学性”。而对于手工艺则有所不同，其可通过灵活的工具与多样的实现方式将前人的思想资源现代化，此种实践活动具有较突出的“智慧性”。由此可知，手工艺可在“内容层面”沟通古今，故具有明显的文化传承性。

通过上述之言可知，手工艺既不以效率为目的，又具有本质创造性，还可在“内容层面”沟通古今，故此，手工艺不是“科学性”的机械生产活动，而是“智慧性”的创造实践。

4.4.3 手工艺存在的重要性研究

家具设计作为主观群体的实践活动之一，其形式包括两种：其一为以“效率”为主的实践活动；其二为以“手工”为主的实践活动。前者的衡量标准是“量”，后者的衡量标准是“创造”，工业化是前者之实践活动的主要形式，手工艺则为后者之实践活动的主要形式。

在工业化之初，手工艺被视为手工劳动，在“可被机械替代”的口号中退居幕后。随着工业的发展，家具制造在数量方面突飞猛进，在设计方面日趋同质，在此境遇下，主观群体有所反思，机械化在家具制造中是否已过度使用？设计的本意为解决问题，解决的是物为人用的问题。在以物质资料生产为主的阶段，物的功能性突出；在以精神文明创造为主的阶段，物的“致用性”需得到提升，即在功能性的基础上，需满足主观群体的审美需求。由此可见，设计所解决的问题可归结为两类，即人的“物质领域”问题与人的“精神领域”问题，但随着科技的发展，工业化的加速，在现代家具领域，设计似乎并未解决问题，反而制造了诸多疑惑：首先，过度依靠机械，致使同质化现象严重；其次，忽略传统，致使设计无根；最后，过度关注规律的总结，致使忽略设计思想的引导作用。

以“效率”为主的实践活动是普及家具设计文化的基础，其之存在合情合理，但若过度，便会产生上述的三种新问题。新问题的产生即为忽略另一实践活动的结果，即手工艺。工业化与手工艺本为设计之两面，缺一不可。通过上述的负面现象可知手工艺存在的角色与地位：首先，手工艺通过其内的创造性，使设计从同质化走向殊相化；其次，手工艺具有“灵活转化性”，可将古人的“思想资源”（即传统）现代化；最后，手工艺可通过其内的设计思想，引导设计规律走出“定型”。

综上可知，手工艺作为有别于以“效率”为主的实践活动，是设计的另一面，当其恰当地存在于设计中时，设计活动可良性运转，当手工艺为设计所忽略时，设计活动将会失衡，致使问题丛生。由此可见，手工艺是设计活动必不可少的实践活动。

4.5 手工艺的实现方式

手工艺的实现方式即“技”，其是物为人用的转化桥梁。手工艺之“技”与技术美学之“技”并非同义，前者之“技”囊括“技艺”“技法”“技能”，而后者之“技”仅为技术层面的实现方式。

4.5.1 实现方式的特点

“技”作为手工艺的实现方式，与依赖机械而存的技术判若两物。在手工艺中，其内之“技”具有层次性。

首先，“技”具有“类”之特性。“类”是“一个范畴”区别于“另一范畴”的标志。在手工艺中，“一类技”与“另一类技”不属同一范畴，具有殊相性，其标志着手工艺实现方式的多样性。

其次，“技”具有“两面性”，即横向性与纵向性。对于横向性而言，其意指“一类技”之实现方式的次序性。在手工艺中，“技”的实现并非一蹴而就，需按照设计的先后顺序方能完成。换言之，手工艺的实现方式即抽象设计转化为具象实践的方案，由此可见，“技”的横向性的职能是“转化”。对于“技”的“纵向性”而言，其代表“技”之深度。众所周知，横向代表广，纵向诠释深，在手工艺的实现方式中，“技”的工序的先后次序代表广，其之具体做法代表深，即如何完成实现方式中的每一个次序。在手工艺的实现方式中，要想使得抽象的设计转化为具象的存在，既需明晰实现“技”之工序的先后“说法”，又需落实手工艺实现方式的具体“做法”，故此，“技”的“两面性”缺一不可。

最后，“技”具有“认知性”，其是手工艺之实现方式得以升华的关键。“技”的认知性与“匠”之“化”的能力息息相关。“化”为中国古代哲学用于融入其他事物的途径与方法，即一种存在状态转化为另一种存在状态。“技”的“认知性”取决于两点：第一，“匠”的“跨界”能力。“跨界”是“化”的前提。手工艺的作用是“引领文化”，引领即突破“原有”

与“定型”。要想有此举动，“跨界”势在必行。“匠”作为实现方式（即“技”）的引导者，需具有“跨界”的眼光与能力。第二，“匠”的“转化”能力。这是“化”的结果呈现，前述的“跨界”将不属于“本类技”之范畴与领域的形式或实现方式加以借鉴，为“本领域”之“技”所用。此过程是不同因素之“合”的过程，在“合”中，必会因类别之差而矛盾重重。要想化解因“跨界”而生的矛盾，需借助“匠”的“转化”能力，方能使“化”为本领域之“技”所用。

4.5.2 实现方式的分类

在中国当代艺术家具中，实现方式即“技”，其涉及三个方面内容，即技艺、技法与技能。对于技艺而言，其是具有“共性”之一类技法的总称；对于技法而言，其是实现技艺的途径；对于技能而言，其与“匠”的“认知”息息相关。

（1）技艺

技艺是实现方式的结果，即由“技”走向“艺”。“技”作为手工艺的实现途径与方式，隶属手工艺的“物质基础”范畴；“艺”作为手工艺的结果呈现，是手工艺具有“欣赏价值”与“文化价值”的关键因素。要想对技艺进行解读，需了解两个方面内容，即技艺的特征与技艺的类型。

在技艺的特征方面，技艺是个性的，其个性体现在技艺门类的多样性方面。技艺门类的多样是手工艺多样、灵活与无限的关键。手工艺作为中国当代艺术家具的实践活动方式，与“机械生产”截然不同，前者实践活动的基础是“思想”，后者实现活动的基础则是“规律”。通过“思想指导”得出的实践活动具有灵活、多样与无限的特点，通过“规律指导”得出的实践活动方式与前者相反，其具有标准与有限的特点。借助灵活、多样与无限之实践活动方式所得的产品隶属文化产品，借助“标准”与“有限”之实践活动所得的产品隶属科技产品。文化产品内含文化引导性，科技产品则是文化的普及者。文化的引导者不以“量”为结果，故可避免“同质化”之趋势，文化的普及者则需借“量”造“势”，故此，“同质化”现象的出现已成必然。综上可知，实践活动方式的源头与实现方式（即“技”）密切相关，其决定着实践活动方式的特点与结果。手工艺是文化的引导者，其之原因在于“技”的多样、灵活与无限；机械生产是文化的普及者，其之原因在于“技”的标准与有限。多样与灵活的“技”具有殊相化之特点，标准与有限的“技”具有同质化之属性，因此，借助具有殊相化之特点的“技”所成的“技艺”门类是个性的。

在技艺的类型方面，其包括两类，即主要技艺类别与子类别。在主要技艺类别方面，其代表着技法的“概括性”。在中国当代艺术家具中，主要技艺来源于两个方面，即大漆类主要技艺与非大漆类主要技艺。

（1）对于大漆类主要技艺而言，其包括质色门类、罩明门类、填嵌门类、描饰门类、阳识门类、堆漆门类、雕镂门类、戗划门类、斑斓门类、复饰门类以及纹间门类。

（2）之于非大漆类主要技艺而言，其主要包括两类，即雕刻与镶嵌。

在子类别方面，其象征着技法的“演绎性”。技艺的子类别是主要技艺门类的衍生，此种衍生具有多样性，既包括单独型技艺的衍生门类，也包括交叉型技艺的衍生门类。

（1）对于单独型技艺的衍生门类，其意指以“单类主要技艺”为衍生源，通过“材料”与“装饰形式”的变动来实现门类的拓展。

（2）对于交叉型技艺的衍生门类，其意指以“复合类技艺”为衍生源，借助“他类技法”的融入来实现门类的拓展。

通过上述分析可知，技艺是手工艺的可见因素。在特点方面，技艺是个性的，其承载着手工艺的思想（而非“规律”）。在类别方面，技艺有主要门类与子门类之别。前者具有概括性，其之形成是借助“一类技法”实现的；后者具有“演绎性”，是主要技艺门类的衍生系列，即采用“改变形式”（包括两种，即材料与装饰）或“复合技法”（意指两种或两种以上的技法）的方式予以实现。

2）技法

技法是技艺与技能的实现途径与方法，其隶属手工艺实现活动方式中的“物质性”因素。要想对技法进行解读，需明白三点，即技法与技术的差异性、技法的物质性因素以及技法的类别。

在技法与技术的差异性方面，其之根源在于两者之实践活动方式的不同。技法与手工艺紧密相连，而技术则与机械生产不可分割。前者具有主动性，后者具有被动性，此种结果的出现与实现工具息息相关。与技法相关的工具受主观群体思想的引导，但与技术相关的工具为机械，借助机械实现的技术需适应机械的活动方式。对于可引导工具的技法而言，其可实现“本质层面”的新；对于需适应工具活动方式的技法而言，其只能达到“现象层面”的新。综上可知，技法与技术仅差一字，但两者判若两物：技法是灵活的、多样的与无限的，而技术则是标准的与有限的。

在技法的物质性因素方面，其离不开“工具”的助益。对于工具而言，其特点在于“为我所用”，“为我所用”的目的是主观群体思想的合理表达。主观群体的思想既包括与时代审美相一致的“共相性思想”，亦囊括与时代审美不一致的“殊相性思想”。表达共相性的思想可借助“同性质”的工具予以实现，但具有殊相性的思想需借助“殊相性”的工具予以表达。由此可知，在技法的物质性因素中，工具需满足灵活、多样与无限的特性。

在技法的类别方面，其有结构技法与装饰技法之分。对于结构技法而言，其意指实现中国当代艺术家具结构的技法。在中国当代艺术家具中，榫卯是其主要结构，经过总结，可将榫卯技法归为以下几类，即甲组、乙组。甲组包括直、槽、穿、栽、扣、契、带、位、挂、销、抹与格；乙组包括斜、插、夹、闷、卡、互、靠、交、抱、锁、斗、结。对于装饰而言，其主要包括两大类，即以大漆工艺实现的装饰与以非大漆工艺实现的装饰。借助大漆工艺实现的装饰其技法主要包括描、洒、贴、泥、捻、堆、镶、嵌、填、划、刻、戗、塑、磨、雕等；借助非大漆工艺实现的装饰其技法主要包括雕、镶、嵌、攒以及擦等。

综上可知，技法是手工艺实现的重要途径与方式，其与借助机械生产实现的技术有所区别，即技法不为工具所“物化”，具有灵活、多样与无限的特性。在手工艺的实践活动中，技法的灵活与工具相辅相成。手工艺中的工具与机械不同，其可避免同质化现象的出现。在技法的类别方面，其既包括实现中国当代艺术家具之结构的技法，又不排除实现装饰的技法。

3）技能

技能与“匠”的认知关系密切，根据认知的水平，技能可被分为工匠、艺匠与哲匠，三者的关注内容有所区别。工匠的关注点在于“技法本身”；艺匠的关注点在于“技艺形式”的拓展；哲匠的关注点则为手工艺内涵的文化启示。

对于工匠而言，其之认知基于“技法”层面。工匠与机械生产中的技工有所区别，前者获取技法的方式为制作经验的总结。总结是演绎与归纳的结果，经验的总结即为对已有的客观存在（即现存的中国艺术家具）中的技法进行归纳，而后得出制作规律，再以此规律为指导进行“再制作”。由此可知，借助经验所得的技法具有规律性。工匠借助规律进行“再制作”会导致一种结果的出现，即作品“缺乏创造性”。

对于艺匠而言，其之认知基于技艺种类的拓展。艺匠与工匠的关注点有所差异，前者关注“技法”，后者关注“技艺”。艺匠是具有跨界审美的一类匠人，善于将“其他门类”的艺术形式引入中国当代艺术家具的制作中，即借助“跨界”的方式与途径找寻新鲜元素。艺匠作为有别于工匠的一类匠人，其之特点如下：

（1）其与工匠不同，艺匠在总结经验的同时，还会借助“跨界”的方式与途径进行新元素的找寻。

（2）与工匠相比，艺匠具有“创新精神”，可将“其他门类”的艺术形式为我所用。

（3）与工匠相比，艺匠不专注某种技法的“重复实践”，而在于“技艺”形式的“拓展”。

对于哲匠而言，其之关注点与工匠、艺匠均不同，其之认知以“手工艺”为单位。相较于哲匠，工匠与艺匠偏重实践与应用，对手工艺中的理念并不关注。但哲匠则不然，其立足理论角度，对手工艺进行系统研究。哲匠的存在具有如下意义：

（1）脱离片面化的倾向。哲匠不仅侧重经验的总结与积累，而且侧重形式的拓展。

（2）视手工艺为整体。通过系统研究，使此种实践活动方式升华至理论层面。

（3）手工艺具有传承性。手工艺内涵的造物理念是传承性的关键。

（4）手工艺具有启示性。手工艺的灵活、多样与无限性是实现本质性创新的关键。

综上可知，同为“匠”，但认知程度有所区别：工匠关注“技法”，借助经验的总结与积累实现中国艺术家具的制作，此种总结与积累即为对已知“技法”之规律的重复，故此，工匠之作多缺乏创造性；艺匠关注“技艺”，其借助“跨界”的途径进行“形式”的创新；哲匠与前两者不同，其之关注点在于手工艺精神的提炼。通过对比可知，工匠与艺匠的关注点具有片面性，而哲匠的关注点是整体的，即对手工艺实践活动方式的研究。

4.6 中国当代艺术家具中的美

美是主观群体对客观存在的一种看法。由于心理认知的不同，美出现了层面之别，可细分为三类，即基于生理层面的美、基于生理—心理层面的美以及基于心理—文化层面的美。基于生理层面的美侧重功能的表达，基于生理—心理层面的美侧重形式的阐述，基于心理—文化层面的美则关注“理念”。中国当代艺术家具作为基于中国造物理念的文化引导者，其美隶属心理—文化层面。

4.6.1 美的分类

1）基于生理层面的美

在家具设计中，基于生理层面的美与功能息息相关。功能是主观群体对客观存在使用价值的一种需求。虽为使用价值，但其依然内含美之因素，功能美的表现在于主观群体对使用价值的看法与判断。具有合理使用价值的功能，其隶属美之层面，反之，功能不被列为美之范畴。由此可见，功能的美与使用价值的“合理”密切相关。

家具设计是解决主观群体对家具需求的一种手段与途径，主观群体对家具的需求包括三个方面，即功能需求、心理需求以及文化需求。功能需求包含两点内容，即客观存在的使用价值与此种使用价值之于主观群体的反应。对于前者而言，其是主观群体判断与反应的基础；对于后者而言，其是主观群体对家具设计功能合理性的“前向反应”，此种反应是主观群体借助感官对设计做出的“舒适性”判断，该种判断即为生理层面的美。

综上可知，基于生理层面的美与设计的使用价值相辅相成。

2）基于生理—心理层面的美

基于生理—心理层面的美与基于生理层面的美截然不同，其关注点转移至设计的形式。设计形式是借助主观群体的视觉对家具的美做出判断与反应，该反应隶属“前向反应”的第二阶段，即“后随反应”。在家具设计中，形式与轮廓紧密相连，因此，主观群体的“后随反应”是基于“形式轮廓”的一种判断，此种判断的重点并非对使用价值合理性的反应，而是对“形式美”的一种判断，故此，笔者将其定义为基于生理—心理层面的美。该种美具有如下特点：

（1）关注点在于家具设计的形式，即借助“视觉”对家具形式进行判断，而后在心里形成一种“印象”，此种“印象”即为美与不美的标准。

（2）该层面的美是主观群体基于形式轮廓对设计结果的一种“直观”的“心理反应”，即借助形、色与质对设计结果做出判断。

（3）判断的对象隶属大众层面（意指设计的认知方面），故基于生理—心理层面的美具有普及性。

综上可知，基于生理—心理层面的美，其关注点已从对使用价值的判断转移至对形式轮廓的关注。

3）基于心理—文化层面的美

基于心理—文化层面的美是美的第三阶段，其是主观群体对家具设计内在文化的一种挖掘与判断。对于家具设计而言，其不仅有中西之别，而且有实践活动方式之差。要想令设计结果具有“识别性”，主观群体需具有两个方面的能力，即识别中西文化的能力与识别不同实践活动方式的能力，该种能力是主观群体借助“理念”对设计之美的一种判断，此种美隶属于心理—文化层面的美，其之特点如下：

（1）判断基础脱离片面化倾向。基于生理层面的美与基于生理—心理层面的美对美的判断具有片面化之倾向，但基于心理—文化层面的美的判断基础是“理念”，而“理念”是全面的。

（2）具有传承性。基于心理—文化层面的美的传承性与造物“理念”息息相关。造物理念与造物行为截然不同，前者是对造物行为的升华，即对造物行为与审美关系的分析，此种关系的得出是传承性的关键。后者仅为实践层面的“行”，该种实践具有局限性，即所在时代的实践仅符合所在时代人的审美，因此，此种方式不具传承性。

通过上述分析可知，基于心理—文化层面的美是“反思性”的美，既不同于以使用价值为核心的基于生理层面的美，亦有别于以借助形式轮廓实现的基于生理—心理层面的美。基于心理—文化层面的美是立足“思想”或“理论”角度的美，此种美具有系统性。

4.6.2 美的特点研究

中国当代艺术家具的特点决定着中国当代艺术家具之美的方向与层面。在中国当代艺术家具的特点方面，其涉及三个方面内容，即实践活动方式、文化的引导性以及文化的传承者。在中国当代艺术家具之美的特点方面[4]，其隶属基于心理—文化层面的美。

1）中国当代艺术家具的特点分析

中国当代艺术家具作为中国文化的践行者，其具有如下特点：

（1）中国当代艺术家具的实现方式是手工艺，既有别于以使用价值为主的实践活动方式，也不同于以追求形式美的实践活动方式。手工艺是以引导文化为主的实践活动方式。

（2）中国当代艺术家具是家具设计文化的引导者。中国当代艺术家具的引导性在于其实践活动方式，手工艺的多样、灵活与无限可缓解因工具的有限与标准造成的同质化现象，该种对同质化现象的缓解即为文化引导性的结果。

（3）中国当代艺术家具是中国文化的传承者。手工艺中所含的思想是文化延续的关键。文化是抽象的，手工艺作为载体，承载着中国文化的统一性，即中国文化的“根”。在中国当代艺术家具中，其之延续性是借助工与美的关系实现延续的。

综上可知，中国当代艺术家具与以机械生产为主的家具形式不同，其之实现方式是手工艺；中国当代艺术家具不是文化的普及者，其可借助多样、灵活与无限的方式与途径对同质化现象进行缓解，故此，其是家具设计文化的引导者；中国当代艺术家具隶属“中国的家具”之范畴，其是中国文化的传承者。

2）中国当代艺术家具之美的特点分析

通过前述对中国当代艺术家具的特点进行分析可知，中国当代艺术家具中的美既不属于以使用价值为核心的基于生理层面的美，亦不属于基于生理—文化层面的美，其应隶属于心理—文化层面的美。在中国当代艺术家具中，该种美的特点表现如下：

（1）在中国当代艺术家具中，基于心理—文化层面的美是“理性”的美，其“理性”体现在对美的处理方式上。中国当代艺术家具采取“辩证”的方式对美进行诠释，即平衡美中之传承性与美中之创新性的关系。

（2）在中国当代艺术家具中，基于心理—文化层面的美是具有“创造性”的美，其内的“创造性”可缓解同质化审美现象的加剧。同质化现象是机械生产的必然结果，要想对其进行缓解，需使指导机械生产的“规律”走出“定型式”。对新的实现方式进行总结、演绎与归纳是走出“定型式”的途径，而新的实现方式来源于美的“创造性”，由此可知，“创造性”是缓解同质化现象的关键。

（3）在中国当代艺术家具中，基于心理—文化层面的美是“有根性”的美，其“有根性”体现在与中国造物理念的“一致性”方面，该种特点是中国审美具有“识别性”的关键。

综上可知，在中国当代艺术家具中，基于心理—文化层面的美可概括为三个方面，即“理性”的美、“创造性”的美以及“有根性”的美。在“理性”的美方面，其体现在“辩证”的态度方面（对传承与创新的态度）；在“创造性”的美方面，其可成为新规律总结、演绎与归纳的基础，对同质化具有缓解作用；在“有根性”的美方面，其是中国造物理念的标志。

4.7 中国当代艺术家具中的匠人精神

匠人精神是匠人实践活动方式对设计的一种启示，此种启示即匠人所用实践活动方式的“创造性”。该“创造性”体现在两个方面，即“行为层面”的“创造性”与“意识层面”的“创造性”。前者为“新规律”的总结提供有形存在，可缓解产品的同质化现象；后者则为创新提供新思路，令设计的生命周期得以延续。

4.7.1 现阶段对匠人精神的理解简述

精神是抽象的、无形的，其是有形之物质存在的升华，匠人精神隶属精神范畴，自然不应例外。匠人精神与匠人密不可分，就现阶段而言，匠人精神包括两个方面内容，即主体与实现途径。

（1）在匠人精神的主体方面，其与“匠”密不可分。此处的匠人是对传统技法具有实践经验的主观群体。

（2）在匠人精神的实现途径方面，其与“手工”密切相关。在传统家具设计行业，为了与机械生产有所区别，其制作方式多以“手工”形式为主。随着中国传统文化的复兴，此种出自匠人以“手工”制成的具有传统式样的家具形式成为中国文化的主要表达者。文化是抽象的，其内的精神需借助载体予以表露，匠人以“手工”制成的家具即为表现文化的载体，被赋予文化内涵的“手工”具有了“灵魂”，此种灵魂即为匠人精神。

通过上述分析可知，匠人精神的现阶段诠释具有如下特点：

（1）对匠人精神的主体有所要求，此主体需为对传统技法具有经验积累的匠人，其是匠人精神的存在基础。

（2）对匠人精神的实现途径有所要求，需通过有别于机械生产的“手工”途径予以实现。

（3）此阶段的匠人精神具有片面性，其侧重具体群体与具体行为的表达。

综上可知，就目前而言，对于匠人精神的理解较为具象，其主要关注两点，即匠人精神的主体与实现途径。

4.7.2 匠人精神的新解

精神是对存在意义的凝练，即此种存在之于主观群体的启示与价值。匠人精神隶属精神的一种，是主观群体对匠人意识与匠人行为存在意义的凝练，即匠人意识或匠人行为之于主观群体的启示与价值。在匠人精神的现阶段诠释中存在如下误区：

（1）匠人精神的定义有失合理性。匠人精神不是一种具体的行为，其是具体行为之于主观群体的启示与价值。

（2）匠人精神的表达重点出现偏移，其之重点不在于匠人本身，而是匠人意识与匠人行为对其他主观群体的启示，匠人仅为匠人行为与匠人意识的一部分。

通过分析可知，匠人精神是一种启示与价值，其对主观群体的启示与价值可通过两个方面进行阐述，即匠人意识与匠人行为。

（1）在匠人意识方面，其意指理念之于主观群体的启示与价值，此种的理念即为匠人对中国造物的理解与诠释，包括审美观、方法论以及设计方法等。

（2）在匠人行为方面，其意指匠人的实践活动方式之于主观群体的启示与价值。在中国当代艺术家具中，对主观群体具有启示与价值的实践活动方式是“手工艺”（而非手工劳动），“手工艺”实践活动方式内含的启示与价值在于创造性，该种创造性即为匠人精神在行为方面之于主观群体的启示与价值。

综上可知，匠人精神的重点不是对“匠人”或“匠人做法”的单方面颂扬，而是将匠人的所思与所为视为整体与过程，此整体与过程之于主观群体的启示与价值才是匠人精神的合理诠释。匠人精神在两个方面对主观群体具有启示作用，即匠人意识与匠人行为。前者意指造物理念之于主观群体的启示作用，后者则是实践活动方式之于主观群体的价值意义。

4.7.3 匠人分类

在匠人精神中，对主观群体产生启示价值的主体是“匠人”，但并非所有匠人的意识与行为均具启示作用与价值意义，其启示价值与匠人的类别息息相关。基于对“手工”的理解与认知，匠人有三级之别，即工匠、艺匠与哲匠。

1）工匠

工匠是借助“手工劳动”之实践活动方式对“工”进行诠释的一类掌握某种技艺的主观群体，其之特点如下：

（1）工匠所用之“技”（即“工”的实现方式）是经验积累的结果，其是借助“口传心授”的方式与途径在“长期实践”中形成的一种实践活动方式。

（2）工匠的实践活动方式为“手工劳动”。“手工劳动”是未进入机械生产前，为满足大众化需求的一种“量化”的实践活动方式。“手工劳动”与“手工艺”不可同日而语，其是建立在“量化”的基础上，与“制作效率”紧密相连。机械生产是提高效率的途径与方式，因此，当进入工业社会后，“低效率”的“手工劳动”可被“高效率”的“机械生产”所替代。“手工艺”则与“手工劳动”不同，其之目的并非“求量”，而是借助灵活、多样与无限的实现方式达到“引导文化”与“本质创新”的目的，故此，此种实践方式无法被机械生产所替代。

（3）工匠所用的“技”具有“单一性”特征，其“单一性”体现在做法上。工匠手下的“技”仅为一种做法的重复。

综上可知，工匠所从事的实践活动为“手工劳动”层面的实践活动。该种实践活动与“手工艺”不同，其与机械生产本质相同，即以“量”为目的，长此以往，求“量”必然导致产品的同质化现象，机械生产不例外，“手工劳动”亦不例外。

2）艺匠

艺匠与工匠有所区别，其之实践活动方式是手工艺。艺匠具有如下特点：

（1）艺匠的“实践活动方式”具有灵活性，其之灵活性与技法密切相关。在手工艺实践活动中，技法占据主动性，此种情况与手工劳动的“技”截然不同。在手工劳动中，“技”具有有限性与标准性，其被动性较为明显，即需依赖“工具”而存在。由此可见，技法的主动性在于不为工具所控制，此为手工艺与手工劳动区别的关键之一，前者具有无法替代性，而后者则可被“更高效率”的工具所取代。艺匠以手工艺为实践活动的方式，此种方式因技法的灵活而灵活。

（2）艺匠所实现的“美”具有多样性，其之多样性与技艺息息相关。技艺是手工艺的门类与种类，其既包括主要门类，也不排除子门类。其中，主要门类的技艺是艺匠借助不同技法所成的手工艺门类；子门类的技艺则是艺匠对“同种技法”或“交叉型”技法进行演绎与拓展后所成的手工艺门类。手工艺是主观群体精神需求的结果，“美”是精神需求的外在显现，故此，手工艺是实现主观群体对“美”之需求的实践活动，而技艺作为手工艺的门类，其亦具多样性，“美”自然随之。

（3）艺匠的创造是本质层面的，其创造体现在“文化的引导性”方面。艺匠所实现的文化引导性在于以下两点：第一，艺匠的创造基础在于“跨界”，通过借鉴其他领域的艺术形式为本领域所用来实现引导作用；第二，艺匠的实践活动方式是文化引导性的关键，文化引导性与文化普及性有所不同，前者具有“思想性”，后者具有“规律性”。手工艺作为艺匠的实践活动方式，其所呈现的是此种实践活动方式之于主观群体的“启示”，而非“某种规律”的再现，具有启示性的实践活动方式才具文化引导性。艺匠的实践活动方式是手工艺，其可通过文化引领性实现本质层面的创新。

综上可知，艺匠与工匠截然不同，其不同在于以下几点：第一，两者的实践活动方式不同，艺匠以手工艺为实践活动方式，工匠以手工劳动为实践活动方式；第二，两者存在的目的不同，艺匠所为具有文化引领性，工匠所为具有文化普及性；第三，两者实践活动方式的地位角色具有差异性，艺匠所践行的手工艺无法被高效率的工具所替代，而工匠的手工劳动可被高效率的工具替代；第四，两者的实践来源有所差异，艺匠的实践来源是思想，工匠的实践来源是规律。

3）哲匠

哲匠是将手工艺升华至“理论层面”的匠人，其具有如下特点：

（1）哲匠以整体的观点看待手工艺，其是令手工艺的实践方式“有根”的关键。手工艺作为主观群体的一种实践活动方式，不仅有门类之别，更有时代之差，若仅以个体看待之，手工艺间会走向缺乏联系之路。一种不存在联系的实践活动方式必然无根，无根的结果便是悄然消失。

（2）哲匠构建了手工艺间的联系，构建联系是赋予实践活动具有传承性的基础。在手工艺中，存在两大因素，即“工”与“美”：“工”是实践活动方式的过程，“美”是实践活动方式的结果。手工艺间的关系不是单方面的，即“工”的总结或“美”的归纳，而是两者之间关系的探寻，换言之，手工艺间的关系不是基于“某工”或“某美”之规律的总结，而是一种“思想”或“立足点”的探寻。

（3）哲匠挖掘手工艺中的传承性，找寻“思想”或“立足点”即为“传承性”的关键。时代在进步，科技在发展，依据前代之“工”或“美”所总结的规律必然与当下需求有所冲突，此种继承方式会令手工艺逐渐走向手工劳动之列，故此，通过找寻规律实现传承实为不当之举。文化传承是某种具体方式之于后世主观群体的启示，而非规律的再实践。哲匠通过找寻思想的方式，挖掘手工艺中所含的思想性启示，进而实现传承。

综上可知，同为手工艺，哲匠与艺匠依旧存在差异，主要差别在于两者看待手工艺的态度。前者将手工艺提升至“理论层面”，包括找寻手工艺之根、构建手工艺间的联系以及挖掘手工艺内在的传承性；而后者则是在“实践层面”践行手工艺。

4.8 中国当代艺术家具中的审美观

中国当代艺术家具与技术美学下的现代家具截然不同，其隶属“工艺美学”范畴，与“工业设计”的审美有着本质区别。

4.8.1 审美观的立足点研究

审美观是主观群体对中国当代艺术家具的看法与观点，对于中国当代艺术家具而言，其既是中国文化的承载者，又是手工艺的践行者。中国文化与中国哲学密不可分，手工艺与工艺技法唇齿相依，故此，存在两种角度作为审美观的立足点，即以“哲学角度”立足审美与以“工艺角度”立足审美。

1）哲学角度

对于哲学而言，其有中西之别：西方哲学偏重三点，即自然、社会与宗教；中国哲学与之不同，其是探讨人生价值的哲学。解读中国哲学应明确三点：第一，人生哲学离不开“目标”与“目标主体”。在中国哲学中，其目标与“天”这个代名词密不可分，其目标主体与“人”息息相关，故此“天人合一”成为哲学的核心内容。第二，如何理解“天人合一”？在中国哲学中，理解“天人合一”的方式与途径是“辩证”的，其与西方基于“形式逻辑”的分析途径具有本质区别。第三，辩证思维的类型。在中国哲学研究中，其辩证思维包含三种，即贵柔、尚刚与执中。

就目前而言，代表中国文化的家具类型的称谓较多，包括现代中式家具、中式现代家具、新中式家具以及中国当代家具等，为了突出内含的中国文化，选择了立足哲学角度对上述家具进行审美，其内容大致包括三点，即天人合一、阴阳和合与中和为道，从此角度对家具进行审美的特点如下：

（1）共相性明显。天人合一是中国哲学的核心问题，阴阳和合与中和为道是理解中国哲学的途径与方式，此内容具有概括性，适合所有载体，并未突出家具作为中国文化载体时其之审美观的殊相性。

（2）脱离“用”的层面。在中国哲学中，“用”是“实践理性”的体现。家具是文化的载体，但其是“用”之文化的承载者，而非脱离实践层面的空谈畅想。

综上可知，以“哲学角度”为立足点，其审美观与其他形式（即以中国文化为根基的设计领域）无别，具有“共相性”的特征。除此之外，将“放之四海而皆准”作为现代中式家具、中式现代家具、新中式家具以及中国当代家具等审美的立足点，会导致脱离实践的不合理倾向。

2）工艺角度

对于中国文化的承载者，除了立足哲学角度进行审美外，还有一种审美的存在，即“工艺角度”。工艺包括两类，即隶属于“工艺美学”领域的“技法”以及隶属于“技术美学”范畴的“技术”。前者以手工艺为主，后者以机械生产为主，两者的实践活动方式具有本质区别。

立足工艺角度对上述的家具形式进行审美，其与立足哲学角度的差别在于以下几点：

（1）两者所属层面不同。立足哲学角度的审美观是形而上的，而立足工艺角度的审美观是形而中的。

（2）两者的属性不同。立足哲学角度的审美观具有“共相性”，其也适用于以中国文化为根基的其他设计领域。立足工艺角度的审美观具有“殊相性”，其仅适用于以中国文化为根基的家具设计领域。

（3）两者与“用”的关系有所差别。立足哲学角度的审美观是概念的抽象，其有脱离“用”的倾向，而立足工艺角度的审美观则是实践的产物，其与“用”的关系更加紧密。

通过上述内容可知，立足工艺角度的审美观并非仅停留在概念层面，其与“实践”紧密结合。立足工艺角度之审美观的特点如下：

（1）凸显实践活动方式的殊相性。工艺与实践活动方式密切相关，实践活动方式有三，即手工劳动、手工艺与机械生产。手工劳动与机械生产隶属同一种实践活动方式，其所用之工艺是实现以“量”为主的实践活动方式的途径；手工艺与前两者不同，其内之工艺是实现“本质创新”与“引领文化”的途径与方式。实践活动方式与审美息息相关，以“量”为主的实践活动方式的审美以技术美学为主，以“本质创新”与“引领文化”为主的实践活动方式则以工艺美学为核心。由此可知，立足工艺角度的审美具有殊相性。

（2）凸显文化角色的差异性。工艺包括两类，即以手工艺为主的技法与以机械生产为主的技术，前者具有灵活、多样与无限性，不以“求量”为目的，其在设计中具有“引领文化”的作用；后者具有标准与有限性，其之目的是“量化”，故此，其内所含文化具有“普及作用”。

（3）与“用”紧密结合。“用”的主体是人，“用”的表现是需求，工艺即为实现人之需求的关键，由此可知，工艺与“用”无法割裂。

综上可知，立足工艺角度的审美观与立足哲学角度的审美观截然不同。立足哲学角度的审美观仅关注主观群体的精神世界，而立足工艺角度的审美观既关注主观群体的精神世界，也不排斥充当载体的物质基础。

4.8.2 审美观探析

中国当代艺术家具隶属“中国的家具”，其与其他类型之“中国的家具”具有共性，即同为中国文化的承载者。但除了共性，中国当代艺术家具与其他类型之“中国的家具”尚存差异之处。若选择立足“哲学角度”作为中国当代艺术家具的审美观，哲学的共性将致使其无法与同类型之“中国的家具”相互区分，由此可见，中国当代艺术家具需将立足“工艺角度”作为审美观，即工艺观。

工艺观作为中国艺术家具的审美观，其凸显了中国当代艺术家具的殊相性：第一，凸显中国当代艺术家具“实践活动方式”的殊相性。中国当代艺术家具隶属“工艺设计”范畴，其与工业设计具有本质区别，故此，以工艺观作为中国当代艺术家具的审美观，将在实践活动方式方面赋予其殊相性。第二，凸显中国当代艺术家具“实现方式”的殊相性。中国当代艺术家具作为设计“文化的引领者”，其之实现方式与作为“文化普及者”的设计截然不同，故此，以工艺观作为中国当代艺术家具的审美观，将在实现方式方面赋予其殊相性。

通过上述对中国当代艺术家具之殊相性的分析可知，其之审美观与实践活动方式和实现方式密切相关。实践活动方式有手工劳动、机械生产与手工艺之分：手工劳动是在未出现机械生产前，主观群体为了满足“量”之需求所使用的一种实践活动方式。随着科技的进步，手工劳动可被机械生产所替代。机械生产是工业化的标志，其可借助“高效率”的工具实现“量化”。手工艺与前两者迥然不同，其之目的并非求“量”，而是中国工艺精神的传承者。

历经分析可知，中国当代艺术家具中的“工艺观”与“技术观”并非一事。中国当代艺术家具中的“工艺观”是“工艺美学”的产物；而“技术观”则是“技术美学”的产物，其隶属工业设计范畴。两者的区别在于以下两点：第一，“工艺观”与“技术观”的实践活动方式不同。在中国当代艺术家具中，“工艺观”的实践活动方式是手工艺，而技术美学下的“技术观”的实践活动方式是机械生产。第二，两者的实现方式截然不同，而实现方式与工具密不可分。在“工艺观”中，工具具有灵活、多样与无限的特性。而在“技术观”中，实现方式以“量化”为主，故此中的工具具有标准与有限的性质。由此可知，“工艺观”与“技术观”的实现方式有本质区别。

综上可知，中国当代艺术家具的审美观应立足工艺角度，即“工艺观”。在中国当代艺术家具中，其之“工艺观”与两个方面内容相关，即实践活动方式与实现方式。中国当代艺术家具中的实践活动方式与实现方式具有殊相性，其与以技术美学为指导的“技术观”有本质区别：前者的实践活动方式是手工艺，后者的实践活动方式是机械生产；前者的实现方式具有灵活、多样与无限的特性，后者的实现方式则与之相反，具有标准与有限的特性。由此可知，立足工艺角度对中国当代艺术家具进行审美较为合理。

4.9 本章小结

本章主要从以下几个方面对中国当代艺术家具的认识论进行探讨与论述，即格心论、心物和谐论、殊相论、实践活动、手工艺的实现方式、美、匠人精神以及审美观。

在中国当代艺术家具的格心论中，本章从格心与格物的区别进行探讨。中国当代艺术家具不适合走格物之路，其原因如下：第一，中国古代艺术家具数量有限，无法为总结规律提供有利条件；第二，中国当代艺术家具内所承载的文化具有引领性，需借助的是思想，而非规律；第三，中国当代艺术家具是中国文化的传承者，传承的对象是思想，具有动态性，而非某种不合时宜的“绝技”。

在中国当代艺术家具的心物和谐论中，本章从其与数理和谐的区别进行探讨，发现两者具有本质区别。对于家具设计而言，两者的存在皆为必要之举，借助数理关系可实现“量化”，从而达到“普及文化”的目的。借助心物关系，可有效缓解因“量化”而出现的同质化现象，从而实现“引领文化”的作用。在中国当代艺术家具中，心物和谐论的存在具有关键意义：首先，心物和谐为中国当代艺术家具找寻方法论提供途径；其次，心物和谐为中国当代艺术家具树立审美观提供合理的方向；最后，心物和谐为中国当代艺术家具设计方法的明确提供正确的路线。

在中国当代艺术家具的殊相论中，本章从三个方面予以论述：第一，所属领域具有殊相性，此殊相性的参照物是工业设计领域，中国当代艺术家具与其他类型之“中国的家具”不同，其隶属“工艺设计”范畴；第二，中国当代艺术家具的审美观具有殊相性，应立足合理的角度进行审美观的树立；第三，中国当代艺术家具找寻方法论之途径的殊相性。找寻方法论的途径有二，即以“心物观”为指导“找寻思想”与以“数理观”为指导“找寻规律”。中国当代艺术家具不是“科技产品”，其隶属“文化产品”之类，故其找寻方法论的途径应以前者为方向。

在中国当代艺术家具中的实践活动方面，本章探讨了两种类型的实践活动方式，即以“普及文化”为主的实践活动方式与以“引领文化”为主的实践活动方式。前者以“效率”为先，其之本质是借助“规律”实现“量化”，此种实践活动方式的典型特征即为“同质化”现象的出现。后者以“思想”为先，其不为工具所控制，借助手工艺的方式实现文化的传承。

在中国当代艺术家具中的美方面，本章提出了三种美的形式，即基于生理层面的美、基于生理—心理层面的美以及基于心理—文化层面的美。三种美的关注点有所不同，中国当代艺术家具中的美是基于心理—文化层面之美。

在中国当代艺术家具中的匠人精神方面，本章提出了三种类型的“匠”，即工匠、艺匠与哲匠，三种匠人虽同为手艺人，但并非全部具有匠人精神。匠人精神是“匠人行为”或“匠人意识”对主观群体的启示，若满足启示别人的条件，即可称之为匠人精神。

在中国当代艺术家具中的审美观方面，其有两种立足点可做选择，即“哲学角度”与“工艺角度”，通过比较发现，后者作为中国当代艺术家具的审美观较为合适。工艺观作为中国当代艺术家具的审美观，其与两个方面内容关系紧密，即实践活动方式与实现方式，两者是中国当代艺术家具审美观的基础与关键。

第 4 章参考文献

[1] 孔寿山，金石欣，杨大钧 . 技术美学概论[M]. 上海：上海科学技术出版社，1992.

[2] 李泽厚，刘纲纪 . 中国美学史：第一卷[M]. 北京：中国社会科学出版社，1984.

[3] 朱志荣 . 中国审美理论[M]. 北京：北京大学出版社，2005.

[4] 滕守尧 . 审美心理描述[M]. 北京：中国社会科学出版社，1985.

5 中国当代艺术家具设计方法论的提出

方法论是寻找方法的方法，寻找方法论的途径有二，即通过“找寻规律”确立方法论与通过“找寻思想”确立方法论。对于中国当代艺术家具而言，采用第二种方式作为找寻的途径较为合理。在构建任何概念前，均存在一定的程序，探寻中国当代艺术家具的方法论亦不例外。在探寻之前，需明晰探寻方法论的两种途径，故此，本书以“知”代“物”进行方法论的确立。

5.1 方法论的类型

找寻设计方法论可以通过“找寻规律”确立方法论与通过“找寻思想”确立方法论。前者是以客观存在为主体进行总结，而后推理与演绎出一类客观存在于“物质层面”的共性所在；后者则是采用主客观相结合的方式，通过跨界的途径，寻得不同客观存在于“思想层面”的共性所在。对于方法论而言，找寻途径不同，其类型亦有所别，由“物”至“理”与从“知”到“行”即为方法论的两种类型，前者是“找寻规律”的结果，后者则是“找寻思想”的产物。

5.1.1 由“物”至“理”

由“物”至“理”是借助“找寻规律”构建方法论的总结[1]，其之特点在于以下四点：第一，“物”是基础，其中的“物”即客观存在。对于家具设计而言，家具本身即为“找寻规律”所需的客观存在。第二，“物”具同类性。同类性即客观存在具有相同的性质。对于家具设计而言，其之同类性包括三点，即相同的时间段、相同的功能以及相同的制作工艺。第三，“理”是“物质性”的“理”，即从客观存在中寻得的规律。“物质性”意指所总结的规律是依附于客观存在的。在家具设计中，其规律是关于形、色、质以及工艺的总结、推理与演绎。第四，规律具有“定型性”，在家具设计中，定型的必然之路是同质化现象的出现。

通过上述内容可知，规律的总结、推理与演绎实则是分析后的筛选，在一定数量的同类型客观存在中保留共性部分，此种共性部分即为所总结的规律。在家具设计中，规律的应用既可实现一种目标，亦可导致一种结果。规律与量密不可分，其是机械生产的指导者，故此“高效”是规律可实现的目标。任何存在均具两面性，规律自然不会例外，高效的目的是“求量”，实现“量化”的途径即为借助某种规律进行行为的重复，基于“量化”的重复必然导致一种后果，即同质化现象的出现。

综上可知，由“物”至“理”包含三个方面的主要内容，即由“物”至“理”的对象、由“物”至“理”的目的以及由“物”至“理”的后果。在对象方面，客观存在是由“物”至“理”的对象，在家具设计中，家具本身即是由“物”至“理”的对象；在目的方面，找寻同类客观存在的规律是由“物”至“理”的目的，在家具设计中，对形、色、质、工艺的共性总结即为由“物”至“理”的目的；在后果方面，产品同质化现象的出现即为由“物”至“理”的后果。

5.1.2 从“知”到“行”

从“知”到“行”是“找寻思想”的产物[2]，其与“找寻规律”的结果具有本质之别，具体表现如下：

第一，从“知”到“行”的找寻基础不是“物”（即客观存在），而是“知”。“知”隶属思想层面，并非同类物间“类似性”的总结与演绎，而是“不同存在”间“关系”的构建。对于家具设计而言，根据同类物所总结与演绎的类似性有助于生产效率的提升，致使同类型家具产品迅速繁衍，满足主观群体对“量”的需求。在物质资料得以满足后，需有文化融入家具设计，此中的文化即为具有“延续性”的“思想关系”。时代是立体多维的，家具仅为“多种存在”的其中之一，要想成为“中国的家具”（而非“在中国的家具”），“家具”与“其他多种存在”间需存在“关系”，该种“关系”即为具有统一性的思想，此思想的构建不是同类物间具有类似性的“理”，而是跨界物（即家具与其他多种存在）间具有共性的“知”。

第二，从“知”到“行”与由“物”至“理”所实现的目标具有本质之别。对于主观群体而言，其之需求具有层面性，即以“物质资料”为主的需求与以“精神文明”为主的需求。在家具设计中，以“物质资料”为主之需求表现为“量”的繁衍，以“精神文明”为主之需求表现为“质”的创新。由“物”至“理”即为满足以“物质资料”为主之需求的途径，从“知”到“行”则为满足以“精神文明”为主之需求的途径。通过上述分析可知，借助由“物”至“理”所实现的目标是“量”的繁衍，借助从“知”到“行”所实现的目标则是“质”的创新。

第三，从“知”到“行”与由“物”至“理”之于文化中的角色具有差异性，前者的角色是“引领文化”，后者的角色是“普及文化”。在家具设计中，文化的引领性可令家具蕴含中国精神。与“在中国的家具”具有本质之别，“普及文化”则是将中国精神“形式化”，通过规律的重复达到普及的目的。

综上可知，从“知”到“行”与由“物”至“理”具有本质之别，可从三点主要内容中得知，即找寻基础、实现目标以及在文化中的角色。

5.2 思想与规律之辨

思想与规律并非一事，本节将从三个方面对思想与规律进行辨析，即思想的特性、规律的特性以及思想与规律的矛盾论。在思想的特性方面，主要从构建“跨界”联系与实现创新两个方面予以解析；在规律的特性方面，从条件性、物质性与定型性三个方面进行解析；在思想与规律的矛盾论方面，从传承与创新两个方面着手，深度解析上述两个方面内容与“旧规律”间的矛盾性所在。

5.2.1 思想的特性

思想的特性包括两个方面内容，即借助“跨界”构建联系与实现创新。在构建联系方面，其是传承的关键；在实现创新方面，其是设计突破的核心。对于中国当代艺术家具而言，其是中国文化的载体。此种“中国文化”与“在中国的文化”具有本质之别，其是具有连续性的中国文化，传承即为中国文化在中国当代艺术家具中具有连续性的关键途径。除此之外，中国当代艺术家具是有别于中国古代艺术家具的当下产物，其所承载的文化需要具有与时俱进性，即符合所在时代之主观群体的审美需求，因此其具创新性。传承也好，创新也罢，均需思想的引导。

1）构建“跨界”联系

构建“跨界”联系即借助“跨界”的方法找寻家具与其他之间的共性。此中的共性包含两个方面内容，即实践层面的共性与文化层面的共性，前者的共性意指“实践活动”所含的思想联系，后者的共性意指“造物理念”所含的思想共性。

构建联系需要合适的途径，“跨界”构建法即为合理的途径与方法，借助“跨界”构建联系的方式包含以下两点：第一，通过共同的实践活动方式构建联系。实践活动方式包括两类，即以“引导文化”为主的实践活动方式与以“普及文化”为主的实践活动方式，前者的实践活动方式是手工艺，后者的实践活动方式是手工劳动或机械生产。手工艺与“找寻思想”相关，手工劳动或机械生产与“找寻规律”无可分割。通过“跨界”所构建的是“思想层面”的联系（而非“规律层面”的联系），故此，手工艺是家具与其他在实践活动方面的联系。在该种联系中，其内含家具与其他存在间的思想共性，即工艺观。第二，通过共同的造物理念构建联系。此种联系是借助实践活动方式构建联系的升华，即将实践与中国哲学精神相融合，此为中国文化之根。

构建联系之于中国当代艺术家具具有如下意义：第一，明确在设计中的角色。中国当代艺术家具作为中国当代家具设计的引领者，其必然与技术美学下的家具设计具有本质之别。工艺观作为构建的联系之一，其指引着中国当代艺术家具的实践活动方式。第二，令设计“有根”。设计有中西之分，设计之根即为相互区别的关键。在中国当代艺术家具中，将中国哲学精神融入手工艺，是设计有根的必要条件。

综上可知，构建联系是家具与其他存在间共性的体现，其借助“跨界”之法予以构建。在构建中可借助两种方式，即借助“实践活动”构建思想共性与借助“造物理念”构建思想共性。构建联系之于中国艺术家具而言，具有较为重要的意义，其意义可通过两个方面予以表现，即明确中国当代艺术家具在设计中的角色与令设计“有根”。

2）实现创新

除了构建联系，思想还有另一特点，即实现创新。“新”有两种，即“现象”的“新”与“本质”的“新”，前者是基于“形式”的“新”，后者则代表“思想”的“突破”。对于创新而言，其中的“创”即为突破，故此，创新是一种借助思想达到本质突破的“新”。

创新与思想突破密不可分，思想突破的方式包含如下内容：第一，借助具有创造性的实践活动方式进行思想的突破。通过上述内容可知，实践活动方式包括两种，即以“引导文化”为主的实践活动方式与以“普及文化”为主的实践活动方式，在两者之中，前者可实现思想的突破，即达到创新的目的。第二，借助“跨界”实现思想的突破。对于“跨界”而言，其包括两个方面内容，即基于“形”的“跨界”与基于“技”的“跨界”。家具设计与纯艺术截然不同，其隶属实用艺术范畴，故此，通过借鉴“他领域”之物体的“形”以实现突破，恐与实用艺术自相矛盾。除了基于“形”的“跨界”外，还存在基于“技”的“跨界”。该种“跨界”是将其他领域之“实现方式”引入家具设计领域，使其与原有的实现方式具有本质性的差异，该种被引进的实现方式即为达到思想突破的关键。

创新作为思想的特点之一，其之存在具有如下意义：第一，创新是文化传承具有连续性的关键。文化的传承不是静止的，其呈现动态的发展过程，即发展的连续性。在此连续性的发展过程中，既有经典文化的积累，又有新需求的出现。经典文化是所在时代之前所有时代具有共性的文化，新需求是所在时代之主观群体对美的新追求。经典文化与新需求作为文化连续性的主要内容，需某介质的参与，方能令连续性成为现实。创新是一种思想突破，其可成为将经典文化与新需求相融的介质。第二，创新可促进文化生命周期的循环顺利。文化的生命周期包括两个主要内容，即隶属引领角色的文化与隶属普及角色的文化，前者是后者的方向，后者是前者的繁衍。文化引领需要借助思想，文化普及则要依靠量化。在一个文化的生命周期中，只有两者各司其职与相辅相成，才能保证周期的顺利进行。隶属引领角色之文化对隶属普及角色之文化的普及性在于原有规律的突破，新思想引起新规律，新规律缓解因量化而生的同质化现象，在此过程中，创新是突破的关键要素。由此可见，要想令文化的生命周期运行不滞，创新的作用不可小觑。

对于中国当代艺术家具而言，其与创新密不可分：第一，中国当代艺术家具中的实践活动方式是创新的。手工艺作为中国当代艺术家具的实践活动方式，其有别于以量化为主的生产实践活动。第二，中国当代艺术家具的实现方式是创新的，其可借助手工艺的灵活与自由将“跨界”之“技”进行转化，为本领域所用。第三，中国当代艺术家具是中国文化传承的介质，其可借助手工艺令经典文化与新需求合理相融。第四，中国当代艺术家具是促进设计文化生命周期的关键，其可借助手工艺实现文化引导，此中的文化不仅可以为量化提供普及的方向，而且可以缓解因量化过度而出现的同质化现象。

综上可知，创新并非基于“形式”的“新”，而是基于“本质”的“新”，其既可借助实践活动方式予以创新，亦可通过“跨界”达到思想突破。对于设计文化而言，创新具有两个方面意义，即文化传承的连续与设计文化周期的运转。中国当代艺术家具作为承载中国文化的载体，与创新息息相关，可借助手工艺实现思想的突破。

5.2.2 规律的特性

规律与思想并非一事，其之特征通过三个方面予以显现，即条件性、物质性与定型性。

1）条件性

规律即对一定数量的同类型客观存在通过演绎、归纳与总结所得的一种具有共相性的法则。通过定义可知，规律的得出具有条件性：第一，规律的得出需一定数量之客观存在的配合。客观存在包括两类，即“当下”的客观存在与“过时”的客观存在，前者是当代的客观存在，后者则是古代的客观存在。对于“当下”的客观存在而言，其可在数量上达到规律总结的条件。对于“过时”的客观存在而言，其既包括“尚存的客观存在”，也不能排除“消失的客观存在”，前者尚存于世，但后者已不存在，故此，从数量上看，其无法构成得出规律的条件。第二，规律的得出需以同类型为基础，即无论是“当下”的客观存在，还是“过时”的客观存在，用以总结的一定数量之客观存在需是同类型的，即具有类型的性质。

通过上述分析可知，规律的得出具有条件性，该种条件性体现在两点，即规律得出的基础以及得出基础的限制性，前者需要客观存在的配合，后者则需客观存在具有“同质性”。

2）物质性

规律的物质性意指规律是对客观存在的具体总结。规律的物质性体现在两个方面：第一，规律得出的基础具有物质性。客观存在作为规律得出的基础，其包含两种，即尚存的客观存在与消失的客观存在。两种客观存在的区别在于时间的差异，前者是当下依旧可见的客观存在，后者则是过去存在但当下不可见的客观存在。通过规律的定义可知，可见的客观存在是规律得出的关键，即通过对一定数量的客观存在进行归纳与总结，由此可知，客观存在之于规律的得出至关重要，客观存在是物质的，故此，规律得出的基础必然具有物质性。第二，规律本身具有物质性。规律是诸多客观存在的共相性联系，此中的共相性是诸多客观存在基于形式的联系，而形式是可见的，具有物质性，故此，基于形式因素所得的规律必然具有物质性。

综上可知，规律是具有物质性的，其之物质性与形式的归纳和总结密不可分。

3）定型性

规律的定型性意为规律是一种法则，具有不变性，其之表现如下：第一，规律得出的基础具有定型性。通过上述内容可知，尚存的客观存在是规律得出的基础，客观存在是具体的（意为形、色、质与实现方式的固定），具体的客观存在必然是定型的。第二，规律得出的本质具有不变性。规律的本质即一定数量之尚存的客观存在间的联系，其中的客观存在具有定型性，借助其归纳与总结的规律必然也是具体的与定型的。

任何一种存在均有生存的领域，规律也不例外，其之生存与机械生产密不可分。机械生产是一种高效的、精确的生产模式，其高效在于量化的实现，其精准在于命令的统一。量化需要途径，精准需要法则与公式，规律即为两者的途径与法则，即借助规律。通过简析可知，规律与机械生产息息相关。

规律具有定型性，且又与机械生产不可分割。在机械生产中，规律的应用会出现两种现象：第一，借助规律的生产形式会出现产品同质化的现象。第二，借助规律实现文化的普及作用。文化的普及是针对大众而言，其需具备两个条件，即"量化"与"直观"。"量化"靠"高效"，"直观"靠"形式"，规律既是实现"高效"的途径，又是达到"直观"的方法，故此，规律与文化的普及密不可分。

综上可知，具有定型性的规律不仅具有自身的生存领域，而且存在两种较为典型的现象。在生存领域方面，规律与机械生产密不可分；在现象方面，规律内含利弊，积极的一面在于其是文化普及的践行者，消极的一面在于规律可导致产品同质化现象的加剧。

5.2.3 思想与规律的矛盾论

思想与规律具有本质区别：在思想方面，传承与创新是其两大主要特性；在规律方面，滞后性是其突出特点。因此，两者存在矛盾之处，即传承与滞后性规律（即"旧"规律间的矛盾性）间的对立以及创新与滞后性规律间的对立。

1）传承与旧规律间的对立

传承与规律间的对立主要体现在两个方面：第一，两者在层面上具有对立性。传承即某种具有代表性的思想的延续，此种思想是基于“同一种文化”的“共性的思想”，由此可知，传承是针对思想而言。规律则是对“一类已存在”的“某种形式”的总结与概括，由此可知，规律的物质性较为明显。第二，两者所具共性的范畴不同。传承是具有共性之思想的延续。思想包括两种，即可延续性的思想与阶段性的思想，前者具有传承性，后者随着时间、审美与需求的变化而变化，故此，其不是传承的目标。具有传承性的思想与文化的有根性紧密相连，故其中所具有的共性是中国造物理念的共性。对于规律而言，其也是一种共性，但此种共性来自具体的客观存在；其还具有阶段性，但此阶段的规律与彼阶段的规律并不相通。通过比较可知，在传承与规律中，同以共性为核心，但共性的范畴却有所区别，如前者没有阶段性，而后者存在阶段性。

综上可知，传承作为思想的特征之一，确与规律存在矛盾之处：在层面上，传承是思想的延续，而规律则是形式的复制，由此可见，传承隶属思想层面，而规律则隶属物质层面。除此之外，传承与规律的矛盾性还体现在“范畴”方面，传承是不同阶段、不同审美与不同需求之共性的延续，其内的共性不具阶段性，但规律则不然，其是同阶段同类客观存在之共性的总结，故此，其内之共性具有明显的阶段性。

2）创新与旧规律间的对立

创新是思想的另一主要特点，其与规律间的矛盾主要体现在以下方面：第一，需求方面的对立。对于设计而言，其与主观群体密不可分。主观群体的需求是变量，不同阶段的主观群体具有与前一时期相异的需求，此种相异的需求即为新需求。新需求需要新的途径予以满足，创新即为满足新需求的途径，而规律则只是旧本质的重复，已不再适合新阶段新群体的新需求。由此可知，思想与规律在此方面具有对立性。第二，新生命周期方面的对立性。在设计的生命周期中，其包括两大因素，即设计生命周期的引导者与设计生命周期的普及者。在运行中，两者缺一不可，即设计生命周期的引导者—设计生命周期的普及者（周期即将结束）—新的引导者（新周期开始）—新的普及者（新周期即将结束）—新的引导者（新周期开始）—新的普及者（新周期即将再次结束）—新的引导者……由此可知，要想使设计的生命周期处于延续状态，必然要在旧生命周期结束时出现新的引导者，方能延续循环。在此种情况下，引导者的角色属于创新，且可借助灵活、多样以及无限的形式打破旧规律的束缚，满足新审美的需求。对于规律而言，其无法肩负引导者之角色，若在设计的生命周期即将结束时，依旧延续旧规律，生命周期将会在同质化中灭亡。由此可知，在设计的生命周期方面，创新与规律存在矛盾性，其之矛盾表现在新周期的开始方面。

综上可知，创新的特点是达到本质层面的“新”，但规律具有滞后性，其带有“旧”之色彩，因此，两者存在一定的矛盾，其表现在两个方面，即需求的对立与设计生命周期的对立。在需求方面，创新可满足主观群体的新需求，而规律则无法从本质层面满足新时代主观群体的新需求；在设计的生命周期方面，两者的对立体现在生命周期结束时，创新的引领性可令生命周期得以延续，而规律则只能加剧同质化现象的出现。

5.3 找寻思想的意义研究

找寻思想作为有根之本，其之意义包括四点，即传承、跨界、引领文化与引导规律走出定型。在传承方面，找寻思想是其得以延续的关键；在跨界方面，找寻思想是实现方式转化的向导；在引领文化方面，找寻思想是提供创新的源泉；在引导规律走出定型方面，找寻思想是打破同质化的必要存在。

5.3.1 找寻思想之于传承的作用

传承是文化的延续，其之特点有四：第一，传承是思想层面的延续，而非物质层面的复制；第二，传承是动态的，其需贯穿所有时代；第三，传承是兼容的，其与所有时代的特色思想均不相冲突；第四，传承是共相的，其是所有时代具有特色之思想的交集。通过分析可知，传承是一种精神的延续，要想实现延续，需有合理的途径相助益，找寻思想即为传承保持延续的途径与方法，故此，其对传承具有积极作用，其之表现如下：第一，思想具有延续性的一面。对于家具设计而言，思想的延续性在于实践活动方式层面的提升，即其由实践层面升华至理论层面。实践活动本身具有阶段性，但其内所含的理念却是延续性的关键。第二，思想具有共性的一面。其中的共性意指诸多同类间以及同类与不同类间元素的联系，故此，此种联系具有稳定性。该种稳定性是文化传承的基础，可为不同时代所用。

综上可知，思想具有两种特性，即延续性与共性，其可为传承提供必要的途径与方法。

5.3.2 找寻思想之于跨界的作用

找寻思想之于跨界的作用主要在于实现方式的转化方面，其之表现在于以实现方式的思路转化方面。

对于跨界而言，其是一种借鉴行为，但将一个领域的实现方式借鉴后融入另一个领域并非易事，需借助合理且可行的转化方案。对于家具设计而言，跨界借鉴是创新的来源之一，但在借鉴的过程中，其与原有的实现方式存在着冲突与矛盾，矛盾的表现主要在于工具，工具是实现方式得以顺利进行的关键性因素。由于跨界，新的实现方式出现，但其无法借助原有的工具予以实现。

基于此种情况，找寻思想的作用应运而生，其之作用在于为实现方式的转化提供思路。上述内容已提及，实现方式与工具息息相关。在家具设计中，思路转化的途径主要包括两点，即工具的改良与调整物质性因素存在的形式。无论是前者还是后者，均是化解跨界之新实现方式与原有实现方式的思路，该种缓解矛盾的思路源于找寻思想的参与。

综上可知，找寻思路之于跨界的作用主要在于实现方式思路的转化，即借助思路的引导，可令由跨界而来的新实现方式与原有实现方式间的矛盾得以化解。

5.3.3 找寻思想之于引领文化的作用

引领文化是与追风、普及相应而生的一种现象反应，其需借助打破已存在且形成定式的普遍现象而实现，其之特点表现如下：

第一，引领文化与普遍现象有别，两者的区别在于以下三点，即层面的不同、作用的差异以及所得结果的殊相。在层面上，引领文化隶属思想层面，而普遍现象则为形式层面；在作用方面，引领文化的作用在于启示，而普遍现象的存在在于实现追风与普及；在所得结果方面，借助引领文化可令生命周期出现“新”的迹象，借助普遍现象可得到某种规律的概括与总结，由此可知，引领文化与普遍现象确有本质之差。

第二，引领文化是对“旧”有之普遍现象的一种打破。“旧”有的普遍现象即已存在且形成定式的现象。在家具设计中，此现象的长期存在会导致两种结果，即设计生命周期的完结与产品同质化的加剧。要想对两种不良后果进行改善与扭转，需对已存在的定式进行打破。基于此种情况，引导文化这种行为即为打破的途径与方法。

引领文化对普遍现象具有两种作用，即为新存在与新定式提供总结与概括的新方向以及缓解产品的同质化现象。对于前者而言，借助引领文化的行为可得到新的启示，这种新的启示在家具设计中表现为“新产品”的出现，对同一类“新产品”进行归纳与总结，即可得到基于此类具有共性的法则，此种法则便是新定式。借助新定式的指导，会引起新一轮的普遍现象，即追风与普及。新一轮普遍现象的开始对普遍现象的循环至关重要，由此可知，引导文化对普遍现象的循环作用明显。对于后者而言，借助引领文化，可对同质化现象进行缓解。在家具设计中，产品的同质化是因单一之实践生产方式的重复而致，若想缓解此种现象，需打破单一的生产方式。引领文化在行为上表现为实践活动方式的引导，即通过与原有生产模式具有本质之别的实践活动方式实现引领。在家具设计中，此种有别于现存之生产模式的实践活动方式即为手工艺。借助手工艺的启示，可对现有工具进行改良，进而令单一的生产模式得到多样化，在多样化的生产模式的助益下，产品的同质化得以缓解。由此可知，引领文化对产品同质化的缓解具有重大作用。

5.3.4 找寻思想之于引导规律走出定型的作用

规律包含两种，即“定型式”规律与“类型式”规律，前者代表旧规律的存在，后者代表新规律的开始，两者为规律在不同阶段的两种表现。在家具设计中，规律的定型是产品同质化的关键因素，要想缓解此种不良后果，需挖掘新的规律，再在新规律的指引下生产新产品，此为缓解产品同质化的途径与方式。通过上述分析可知，要想替代旧规律，需要有新规律的出现，找寻思想即为新规律出现的关键性因素。

找寻思想之于新规律的总结具有如下意义：第一，找寻思想可打破规律的定型。在家具设计中，规律的定型可导致三种后果，即美的一致性、产品的同质化以及设计生命周期的终结。要想避免上述后果，需打破规律的定型，找寻思想即为途径与方式，其可为打破定型式规律提供如下引导，即关注新需求。新需求与定型式规律具有矛盾性，要想打破之，需对需求群体的新需求进行关注，此种关注即为找寻思想的表现之一。第二，找寻思想为新规律的总结提供方向。任何存在均具相对性，规律亦不例外。相较于定型式规律，新规律具有类型性的特点，即出现了一种有别于“旧规律”的“另一种规律”，即新规律。新规律的总结需要一类新客观存在的出现，但在工具不变、规律固定的情况下，新规律的出现会受到“旧规律”的阻碍与抑制。要想打破此种局面，需出现有别于旧客观存在的新存在，在家具设计中，此新存在即为新的家具产品。新产品是满足主观群体新需求的一类具有创新性的产品，此种产品的开发需借助具有创造性的实践活动来实现，而创造性的实践活动是思想找寻的结果。由此可知，找寻思想是开发新产品的关键，新产品是新规律得以总结的必要因素，故此，找寻思想决定着新规律的方向。

综上可知，找寻思想对于规律的作用至关重要，主要体现在两点，即定型式“旧规律”的打破与类型式“新规律”的构建。

5.4 知行学的提出

知行学作为中国当代艺术家具的方法论，其是找寻思想的产物。方法论是寻找设计方法的方法，中国当代艺术家具设计隶属设计之列，需要借助适合的设计方法进行设计，在实施设计方法之前，需有与之相应的方法论予以指导。找寻方法论的途径有二，即借助“找寻思想”构建方法论与借助“找寻规律”构建方法论，中国当代艺术家具的角色是借助手工艺引领文化，故此，其需采用前者的找寻方式对方法论进行确定，知行学即为“找寻思想”的产物。

5.4.1 知行学与中国当代艺术家具的设计目的

在中国当代艺术家具设计中，其之目的有二，即文化的传承与设计的创新，前者是设计有根的必要条件，后者则是传承能够持续的关键因素。知行学作为中国当代艺术家具设计的方法论，其与中国当代艺术家具设计的目的具有如下关系：

第一，知行学令传承具有“同根性”。对于中国当代艺术家具而言，传承的“同根性”意指与中国古代艺术家具的共性所在。共性包含两种，即形式方面的共性与文化方面的共性，前者可借助规律实现，后者则需借助思想实现。知行学是“找寻思想”的产物，以之作为中国当代艺术家具的方法论，可令中国当代艺术家具与中国古代艺术家具在思想上出现交集，此交集即为两者的共性所在，该种共性便是具有传承性的“根”。

第二，知行学令“新”脱离形式层面。“新”有两种，即“现象层面”的“新”与“本质层面”的“新”。对于“现象层面”的新而言，其是“改良”的表现；对于“本质层面”的“新”而言，其则为“创新”，即具有“引导性”的“新”。对于中国当代艺术家具而言，其是诞生于当下的家具形式，既然如此，新设计的出现势在必行。不同层面的“新”需借助不同的实践活动方式，知行学作为中国当代艺术家具的方法论，其借助跨界手工艺找寻思想的产物。基于此点，知行学为中国当代艺术家具选择实践活动方式提供关键性的参考，即将手工艺作为中国当代艺术家具的实践活动方式，其是一种灵活、自由与无限的创新途径，此种“新”为“本质层面”的“新”，即具有设计引导性的“新”。

综上可知，知行学的提出与中国当代艺术家具的设计目的息息相关。在中国当代艺术家具中，其之目的有二，即文化的传承与设计创新。知行学作为中国当代艺术家具的方法论，其具有两个方面的积极作用：第一，令中国当代艺术家具中的传承具有“同根性”，此种“同根性”意指与中国造物理念的“同根性”；第二，令设计中的“新”走向“本质层面”的“创新”，而非止步于“现象层面”的“改良”。

5.4.2 知行学与中国当代艺术家具的设计方法

设计方法作为实施设计行为的途径与手段，其之种类繁多，既包括基于机械生产为主的设计方法，亦不排除基于手工艺为主的设计方法。在实施此种设计行为之前，需明确设计目的。设计目的是主观群体在实施设计行为前预先设定的目标与方向，其需在反思中得出。对于中国当代艺术家具而言，其之目的与基于机械生产的“中国的家具”与“在中国的家具”均不同。知行学作为中国当代艺术家具的方法论，其不仅决定着设计目的之目标与方向，而且影响着设计方法的实施。

1）目的与方法

目的即主观群体预先设定好的目标与方向，设计目的即主观群体预先设定好的设计目标与方向。通过上述内容的分析可知，在中国当代艺术家具中，其之设计目的有二，即文化的传承与设计的创新。对于文化的传承而言，其包括如下内容：第一，传承的对象是文化，而非“某种具体”的复制；第二，文化是有根的文化，而非外来的阶段性文化；第三，传承性的文化具有普遍联系的特性，即此种文化不受不同时间与空间的限制，在任何时代与阶段均表现出一种共相性的存在。对于设计的创新而言，其中之“新”为“本质层面”的“新”，而非“现象层面”或“形式层面”的“新”。

设计目的决定着设计方法的方向，在此种情况下的设计方法应具有如下特点：第一，具有统一性，此中的统一性即为思想层面的统一。思想包括两种，即具有“统一性”的思想与具有“个性化”的思想。前者是文化“有根”的表现，后者则是文化“相异”的呈现。对于中国当代艺术家具而言，其虽与中国古代艺术家具隶属不同时间与空间中的家具形式，但两者在思想层面存在统一性，该种统一性的表现即为两者在文化方面的“同根性”。第二，具有灵活性与多样性。灵活多样与所采用的实践活动方式和实现途径密切相关。在中国当代艺术家具的设计中，其之实践活动和实现方式均与机械生产不同，借助灵活的实践活动与多样的实现方式，其之目的即为使设计实现“本质层面”上的创新。

综上可知，设计目的与设计方法密切相关，对于中国当代艺术家具而言，其之设计目的有二，即文化的传承与设计的创新。要想实现两种目的，需采用适宜的设计方法，此种方法应具备三个特点，即统一性、灵活性与多样性，统一性是文化传承的关键，灵活性与多样性则是设计创新的必要条件。

2）从“思”到“法”

设计方法需以设计目的为目标。从设计目的到设计方法，其之表现具有过程性。在此过程中，设计目标为“思”，即反思，其是构建合适设计目的的关键。设计方法即“法”，其是设计目标反思的结果。对于中国当代艺术家具而言，要想完成从“思”到“法”的过程，需找寻适宜的方法，即找寻方法的方法，换言之，即为方法论。知行学作为中国当代艺术家具连接设计目的与设计方法的桥梁，其指引着反思过程的方向。

知行学作为找寻设计方法的方法，其在中国当代艺术家具设计中的作用为令设计目的匹配合适的设计方法。在中国当代艺术家具中，其之设计目的为文化的传承与设计的创新，要想有合适的设计方法与之相匹配，需借助相应的工具予以指导，知行学即为设计方法匹配设计目的之工具。知行学是找寻思想的产物，其为设计方法匹配设计目的提供了正确的指引。在中国当代艺术家具的设计方法中，无论是文化传承还是设计创新，均离不开思想的指引。设计方法作为设计目的之结果，其需与文化传承和设计创新相匹配，知行学为设计方法提供了合适的匹配指引，即借助思想实现文化传承与设计创新。

综上可知，在中国当代艺术家具中，知行学作为从“思”到“法”这一过程中的指引者，其对设计目的与设计方法的匹配具有决定性的作用。文化的传承与设计的创新作为中国当代艺术家具的两大设计目的，其需合适的设计方法与之相符。知行学作为找寻设计方法的方法，其是找寻思想的产物，此种找寻方式为中国当代艺术家具设计方法与设计目的之匹配提供了正确的指引。

3）知行学的核心内容

在知行学中，其之核心内容包括三个部分，即知的内容、行的内容以及知行的关系内容。在知的内容方面，主要涉及内容为主观群体对中国当代艺术家具的认知；在行的内容方面，主要涉及内容为手工艺本身；在知行的关系内容方面，主要涉及内容为手工艺内含的理论启示。

首先，对于知的内容而言，其重点涉及主观群体对中国当代艺术家具的认知，此种认知涉及中国当代艺术家具的隶属范畴、中国当代艺术家具的实践活动方式、中国当代艺术家具与中国文化的关系。在隶属范畴方面，中国当代艺术家具隶属工艺设计范畴。工艺设计与工业设计仅一字之别，但本质却截然不同，工艺设计是工艺美学的产物，而工业设计则是技术美学的结果。在中国当代艺术家具的实践活动方式方面，其之实践活动方式以手工艺为主。手工艺是工艺设计的表现方式，其与工业设计的呈现方式截然不同，工业设计的实践活动方式是机械。手工艺与机械生产作为家具设计的两种实践活动方式，两者具有本质性的差异：第一，在工具方面，手工艺不为工具所限，机械生产需适应所用机械的性质与特点。第二，在实现方式的灵活与多样方面，手工艺的实现方式具有灵活与多样的特性，机械生产的实现活动方式较为单一与有限。第三，在设计目的方面，手工艺以传播思想为目的。机械生产以普及规律为目的。在中国当代艺术家具与中国文化的关系方面，其是中国文化的继承者。作为文化的继承者，其具有两种能力，即文化延续的能力与文化创新的能力。文化延续是有根的表现，文化创新是文化延续的关键。中国当代艺术家具作为手工艺的产物，不仅承载着中国文化之“根”，而且可借助有别于工业生产的实践活动满足主观群体的新需求，即实现创新（而非改良）。由此可知，中国当代艺术家具具有传承中国文化的能力。

其次，对于行内容而言，其重点涉及中国当代艺术家具的实践活动方式本身。中国当代艺术家具方法论中的行与该方面内容息息相关，即手工艺在中国当代艺术家具中的实现。在明确实现的途径之前，需了解为何需在科技时代倡导手工艺的恢复，原因如下：第一，手工艺与传统文化之间的关系。传统文化内含造物之根，要想实现根的延续，需借助与传统造物相一致的实践活动方式，手工艺即为承载中国造物之根的实践活动方式。第二，手工艺是实现本质创新的关键。“新”有两种，即改良与创新，借助前者可达到“现象层面”的“新”，利用后者可实现“本质层面”的“新”。“现象层面”的“新”可通过形式的变换与组合予以实现，“本质层面”的“新”则与之不同，其需借助具有突破性的实践活动方式，手工艺即为此种具有突破性的实践活动方式，可借助有别于机械生产的方式实现“本质层面”的“新”。第三，手工艺是扭转设计同质化现象的必要存在。同质化是因实现方式与工具的固化所致。在手工艺中，其之实现方式与工具具有灵活与多样的特点，故此，手工艺可借助此种性能的实现方式与工具予以缓解因实现方式与工具之固化所导致的同质化现象。

最后，对于知行的关系内容而言，其意指知中有行、行中有知，即知行合一。在中国当代艺术家具中，无论是知还是行，均离不开手工艺，手工艺是知行产生关系的关键因素。知行存在联系，必然具有目的性，其之目的在于知行相合且实现合二为一。由此可知，在中国当代艺术家具中，手工艺是知行合一的核心力量。手工艺作为实践活动方式之一，要想令知行达到合一的目的，需具有合二为一的凝聚力，此中的凝聚力即为手工艺中的理念因素，该理念即为知行合一的凝聚力。在中国当代艺术家具中，手工艺中所含的理念涉及以下内容：第一，审美角度。审美角度是明确中国当代艺术家具审美观的关键因素。审美角度有二，即哲学角度与非哲学角度。中国当代艺术家具作为中国文化的载体，其隶属实用艺术范畴，与脱离使用价值的纯艺术截然不同，加之中国当代艺术家具的实践活动方式是手工艺的，其之审美应立足非哲学角度，即工艺的角度。第二，设计目的。手工艺作为中国当代艺术家具的实践活动方式，其与机械生产截然不同。设计与目的息息相关，中国当代艺术家具作为设计之列，必然不会例外。手工艺与机械生产同为设计实践的活动方式，但两者的目的有所不同，手工艺的目的在于文化的传承与设计的创新。由此可知，中国当代艺术家具选择手工艺作为其设计的实践活动方式，其目的必然有别于机械生产。通过分析可知，在中国当代艺术家具中，手工艺内含的理念因素是知行合一的关键。

知行学作为中国当代艺术家具找寻设计方法的方法，包含三个部分内容，即知、行与知行合一，三者均对设计方法的找寻具有影响。在知的方面，其影响着中国当代艺术家具设计方法找寻的方向。设计方法的找寻方向有二，即借助思想找寻与借助规律找寻。知行学中的知将中国当代艺术家具设计方法的找寻锁定于思想方面。在行的方面，其影响着中国当代艺术家具设计方法的实现途径。设计方法的实现途径有二，即以“效率”为主的实现途径与以“创造”为主的实现途径，前者意指手工劳动与机械生产，后者意指手工艺。知行学中的行为中国当代艺术家具设计方法的实现提供可行的途径。在知行合一的方面，其影响着中国当代艺术家具设计方法找寻的目的。设计方法的找寻不仅需要方向与途径，而且需要目的，知行合一使中国当代艺术家具的设计方法与设计目的相辅相成。

综上可知，知行学包含知、行以及知行合一。知为认知，即主观群体对中国当代艺术家具的看法；行为实践，即中国当代艺术家具得以实现的关键；知行合一为两者的共鸣之处，即手工艺中所含的理念因素。知行学作为中国当代艺术家具找寻设计方法的方法，其三个部分内容均对设计方法的找寻具有影响。

5.5 本章小结

对于设计而言，其之方法论的找寻有二，即从物到理与从知到行，前者是找寻规律的产物，后者则是找寻思想的结果。两者各具特征且存在矛盾之处，矛盾之处在于传承、跨界与引领文化三个方面。借助规律的繁衍既不能实现传承的延续性，亦无法解决设计的跨界问题，还无法引领文化。中国当代艺术家具作为中国文化与造物理念的递承者，其需要具有三个方面的能力，即实现文化传承的延续、解决跨界问题以及引领设计文化，故此，在找寻方法论的途径上，借助从物至理实为不妥之举。从知到行是找寻思想的产物，其既可实现文化传承的连续性，亦可解决设计的跨界问题，还能引领设计文化，因此，该途径适合成为中国当代艺术家具找寻方法论的路线 ，知行学就此产生。知行学作为中国当代艺术家具的方法论，其是找寻设计方法的方法，其内的三个方面内容均对中国当代艺术家具的设计方法具有影响。在知的内容方面，其影响着设计方法找寻的方向；在行的内容方面，其影响着中国当代艺术家具设计方法找寻的途径；在知行关系的内容方面，其影响着中国当代艺术家具设计方法找寻的目的。

第 5 章参考文献

[1] 柳冠中 . 事理学论纲[M]. 长沙：中南大学出版社，2006.

[2] 张天星 . 中国当代艺术家具的方法论[J]. 家具与室内装饰，2014（6）：22–23.

6 结语

探寻中国当代艺术家具设计的方法论，不仅需要合理的途径，而且需要对中国艺术家具的本体论与认识论进行细述。在找寻途径方面，其以找寻思想为途径。找寻方法论的途径有二，即找寻思想与找寻规律，前者适合以手工艺为主的实践活动方式，后者则是适合手工劳动或机械生产。中国当代艺术家具是以手工艺为主之实践活动的产物，故此，找寻思想是探寻其方法论的合适途径。在本体论方面，其是探寻方法论的根。对于中国当代艺术家具而言，中国当代艺术家具是什么（即概念与定义）、中国当代艺术家具的隶属范畴以及其与中国文化的关系，均为本体论的重要内容。在认识论方面，其是中国当代艺术家具方法论探究的核心内容，即主观群体对中国当代艺术家具的认知。该认知与心密切相关，其与和“物”紧密相连的机械生产截然不同，因此，在中国当代艺术家具的认识论中，本书重点分析了中国当代艺术家具中的“不一样”，内容涉及心物和谐观、殊相论、实践活动、美、匠人精神以及审美观。通过对方法论的找寻途径、本体论以及认识论进行分析后，得出知行学作为中国当代艺术家具的方法论实为合理之举的结论。

本书作者

张天星，女，河北承德人。南京林业大学家具设计与工程专业博士，五邑大学艺术与设计学院专任教师，中国文物学会文物修复专业委员会委员。研究方向为传统家具理论与传世大漆家具的修复。主要成果如下：第一，在各类期刊上发表相关论文30余篇，包含科学引文索引（SCI）、中文社会科学引文索引（CSSCI）、北大核心与中国科学引文数据库（CSCD）；第二，著作2部，包含《中国艺术家具概论》《中国艺术家具术语解析》；第三，多场主题演讲，包括传统家具造物理念研究、传统家具产业转型与升级、传统家具中的审美观探究、中国当代艺术家具的设计方法论、中国大漆家具的发展现状、红木家具行业的发展现状等等；第四，多个相关课题，内容与新中式家具设计理念的构建、新会红木家具产区发展模式升级、传世大漆家具修复理念的构建与技法概述等等。

刘石保，男，广东江门人。五邑大学硕士，现任广州华立学院专任教师，中级工艺美术师。主要研究方向为建筑遗产保护与中式家具创新设计。成果形式包括论文与作品两个部分：论文以体现地域特色为主，如《江门甘蔗化工厂工业建筑遗产保护利用研究》《工业建筑遗存民用化改造与文化元素运用》；作品以比赛和参展为主要形式，比如多个作品在省国级比赛中获奖、入选全国环境艺术设计大展。